高等院校设计学通用教材

城市公共空间设计

魏娜　编著

清华大学出版社

北京

图书在版编目（CIP）数据

城市公共空间设计 / 魏娜编著 . — 北京：清华大学出版社，2017（2021.1 重印）
（高等院校设计学通用教材）
ISBN 978-7-302-46209-5

Ⅰ．①城…　Ⅱ．①魏…　Ⅲ．①城市空间 – 公共空间 – 空间规划 – 高等学校 – 教
材　Ⅳ．① TU984.11

中国版本图书馆 CIP 数据核字（2017）第 020018 号

责任编辑：纪海虹
封面设计：曾盛旗　代福平
责任校对：王凤芝
责任印制：沈　露

出版发行：清华大学出版社
　　　　　网　　　址：http ://www.tup.com.cn, http ://www.wqbook.com
　　　　　地　　　址：北京清华大学学研大厦 A 座　　　　　邮　　编：100084
　　　　　社 总 机：010-62770175　　　　　　　　　　　邮　　购：010-62786544
　　　　　投稿与读者服务：010-62776969, c-service@tup.tsinghua.edu.cn
　　　　　质量反馈：010-62772015, zhiliang@tup.tsinghua.edu.cn
印 装 者：北京嘉实印刷有限公司
经　　销：全国新华书店
开　　本：185mm×260mm　　　印　张：7.25　　　字　数：174 千字
版　　次：2017 年 5 月第 1 版　　　　　　　　　印　次：2021 年 1 月第 2 次印刷
定　　价：48.00 元

产品编号：072634-01

总序一

2011 年 4 月，国务院学位委员会发布了《学位授予和人才培养学科目录（2011 年）》，设计学升列为一级学科。设计学不复使用"艺术设计"（本科专业目录曾用）和"设计艺术学"（研究生专业目录曾用）这样的名称，而直接就是"设计学"。这是设计学科一次重要的变革。从工艺美术到设计艺术（或艺术设计），再到设计学，学科名称的变化反映了人们对这门学科认识的深化。设计学成为一级学科，意味着中国设计领域的很多学术前辈期盼的"构建设计学"之路开始了真正的起步。

事实上，在今天，设计学已经从有相对完整教学体系的应用造型艺术学科发展成与商学、工学、社会学、心理学等多个学科紧密关联的交叉学科。设计教育也面临着新的转型。一方面，学科原有的造型艺术知识体系应不断反思和完善；另一方面，其他学科的知识也陆续进入了设计学的视野，或者说其他学科也拥有了设计学的视野。这个视野，用赫伯特·西蒙（Herbert Simon）的话说就是："凡是以将现存情形改变成想望情形为目标而构想行动方案的人都是在做设计。生产物质性的人工物的智力活动与为病人开药方、为公司制订新销售计划或为国家制订社会福利政策等这些智力活动并无根本不同。"（everyone designs who devises courses of action aimed at changing existing situations into preferred ones. The intellectual activity that produces material artifacts is no different fundamentally from the one that prescribes remedies for a sick patient or the one that devises a new sale plan for a company or a social welfare policy for a state.）

江南大学的设计学科自 1960 年成立以来，积极推动中国现代设计教育改革，曾三次获国家教学成果奖。在国内率先实施"艺工结合"的设计教育理念、提出"全面改革设计教育体系，培养设计创新人才"的培养体系，实施"跨学科交叉"的设计教育模式。从 2012 年开始，举办"设计教育再设计"系列国际会议，积极倡导"大设计"教育理念，将国内设计教育改革同国际前沿发展融为一体，推动设计教育改革进入新阶段。

在教学改革实践中，教材建设非常重要。本系列教材丛书由江南大学设计学院组织编写。丛书既包括设计通识教材，也包括设计专业教材；既注重课程的历史特色积累，也力求反映课程改革的新思路。

当然，教材的作用不应只是提供知识，还要能促进反思。学习做设计，也是在学习做人。这里的"做人"，不是道德层面的，而是指发挥出人有别于动物的主动认识、主动反思、独立判断、合理决策的能力。虽说这些都应该是人的基本素质，但是在应试教育体制下，做起来却又那么的难，因为大多数时候我们没有被赋予做人的机会。大学教育应当使每个学生作为人而成为人。因此，请读者带着反思和批判的眼光来阅读这套丛书。

清华大学出版社的甘莉老师、纪海虹老师为这套丛书的问世付出了热忱、睿智、辛勤的劳动，在此深表感谢！

高等院校设计学通用教材丛书编委会主任
江南大学设计学院院长、教授、博士生导师

辛向阳
2014 年 5 月 1 日

总序二

中国设计教育改革伴随着国家改革开放的大潮奔涌前进，日益融合国际设计教育的前沿视野，日益汇入人类设计文化创新的海洋。

我从无锡轻工业学院造型系（现在的江南大学设计学院）毕业留校任教，至今已有40年了，亲自经历了中国设计教育改革的波澜壮阔和设计学科发展的推陈出新，深深感到设计学科的魅力在于它将人的生活理想和实现方式紧密结合起来，不断推动人类生活方式的进步。因此，这门学科的特点就是面向生活的开放性、交叉性和创新性。

与设计学科的这种特点相适应，设计学科的教材建设就体现为一种不断反思和超越的过程。一方面，要不断地反思过去的生活理想，反思曾经遇到的问题，反思已有的设计理论，反思已有的设计实践；另一方面，要不断将生活中的新理想、现实中的新问题、设计中的新思考、实践中的新成果吸纳进来，实现对设计学已有知识的超越。

因此，设计教材所应该提供的，与其说是相对固定的设计知识点，不如说是变化着的设计问题和思考。这就要求教材的编写者花费很大的脑力劳动，才能收到实效，编写出反映时代精神的有价值的教材。这也是丛书编委会主任辛向阳教授和我对这套丛书的作者提出的诚恳希望。

这套教材命名为《高等院校设计学通用教材丛书》，意在强调一个目标，即书中内容对设计人才培养的普遍有效性。因此，从专业分类角度看，丛书适用于设计学各专业，从人才培养类型角度看，也适用于本科、专科和各类设计培训。

丛书的作者主要是来自江南大学设计学院的教师和校友。他们发扬江南大学设计教育改革的优良传统，在设计教学、科研和社会服务方面各显特色，积累了丰富的成果。相信有了作者的高质量脑力劳动，读者是会开卷有益的。

清华大学出版社的甘莉老师是这套丛书最初的策划人和推动者，责编纪海虹老师在丛书从选题到出版的整个过程中付出了细致艰辛的劳动。在此向这两位致力于推进中国设计教育改革的出版界专家致以诚挚的敬意和深深的感谢！

书中的缺点错误，恳望读者不吝指正。谢谢！

"高等院校设计学通用教材丛书"编委会副主任
江南大学设计学院教授、教学督导
无锡太湖学院艺术学院院长

陈新华
2014年7月1日

目 录

第一章 公共空间与城市发展

城市公共空间的发展离不开它的母体城市的发展。梳理城市公共空间基本定义，厘清城市公共空间的分类方式，掌握基本的中西方城市发展脉络，认识城市公共空间与城市之间的关系。从传统的城市空间到公共生活的城市发展主流思想；从光绪年间颁布的《城镇乡地方自治章程》到新中国成立后中国特色的城市发展道路。中西方城市公共空间的发展始终伴随着城市化进程之变化，上演着精彩的篇章。

第一节 公共空间的定义

维基百科中对于公共空间的定义，它是一种对所有人开放与可进入的社会性空间，例如道路、公共性广场、公园和海滩都被认为是典型的公共空间。[1]（图1-1，图1-2），近年来学术界对于公共空间的定义仍在不断拓展与延伸。公共空间的外在物化表现可以追溯至古希腊的集会场所（Greek Agora），历经古罗马城市广场(Roman Forum)、中世纪市场广场(Medieval Market Square),15世纪至18世纪的意大利、巴黎和伦敦（图1-3，图1-4，图1-5，图1-6）等地的广场直到今天的现代城市广场，公共空间的内涵与外延一直都在不断地变化与重构中。

[1] https://en.wikipedia.org/wiki/Public_space

图 1-1 纽约中央公园

2 意大利传统城市街道

图 1-3 美国加州蒙特雷海滩

图 1-4　意大利古罗马斗兽场

　　关于公共空间的定义有很多种版本，但公共空间普遍被研究者达成共识的特性在于其面对城市中的所有人群，位于城市核心区域，可免费供人群进行活动。卡尔 (Carr) 等人认为公共空间是"公共场地，人们在那里从事功能性的和礼仪性的活动，从而使整个社区凝聚起来，无论是在日常生活的正常活动中，还是在定期的节假日中"。它是"人们公共生活场景展示的舞台"。沃尔泽（Walzer）认为，"公共空间是我们与陌生人，与那些非亲非故的非工作关系的人共享的空间。它是为政治、宗教、商业、运动服务的空间；是和谐共处和非个性化交往的空间"。北京建筑工业出版社 2001 年出版的《城市规划原理》一书，将城市公共空间定义为："城市与建筑实体之间存在着的开放空间体，是城市供居民日常生活和社会生

图 1-5　意大利古罗马城市遗址

图 1-6　梵蒂冈圣彼得大教堂

图 1-7　意大利罗马街头

活公共使用的外部空间，是进行各种公共交往活动的开放性空间场所。它包括街道、广场、居住区户外场地、公园、绿地等，并在功能和形式上遵循相同原则的内部空间和外部空间两大部分（图 1-7，图 1-8）。"

近年来被国内外学术界引用较多的公共空间的定义出自英国学者马修·卡蒙纳（Matthew Carmona）及他的学术团队，他们建议将公共空间的定义缩小为："公共空间是与所有建筑及自然环境相关联的可以自由到达的场所。它包含：所有的街道、广场及其他能被住宅区、商业区或社区／市民使用的空间、开放空间和公园；至少在白天不限定公共进入的公共或私人空间。它涵盖了那些公众可自由到达的内部、外部和私人空间所有的空间界面。[2]

综合诸多的解释，公共空间的概念既强调与空间的开放联系，又强调与活动多样性的开放联系，最重要的就是与社会相互作用，它是由这种开放联系引起的。因此，公共空间被定义成容许所有人出入的且在其中进行活动的空间，它受控于公共机构，同时在公共利益层面

[2] Carmona, M., Heath, T., Oc, T., and Tiesdell, S. *Public Places - Urban Space: The Dimensions of Urban Design*. The Architectural Press: Oxford, 2003

图 1-8　美国辛辛那提芬德利市场的周末集市

图 1-9　简·雅各布斯

图 1-10　扬·盖尔

加以规定与管理。

第二节　公共空间的分类

一、学术界分类

公共空间根据学科分类一直被认为是城市规划下面的子领域：城市设计中的一类设计对象。城市设计的代表人物为：凯文·林奇、简·雅各布斯、扬·盖尔、科林·罗（图 1-9，图 1-10）。他们主张将公共空间纳入城市设计、城市规划的范畴去考虑。因此，公共空间的分类在学术界一直都延续着城市规划学和建筑学中传统的类型学分类方式，根据使用功能和形态分为广场、公园、绿地、街道等。

公共空间的类型从设计的角度来看，历来被认为可以按物理特征和功能类型进行划分，这种分类方法多年来被形态学所倡导。从赛特（Sitte,1889）的深而宽广的广场到苏克（Zucker,1959）封闭的、主导的、核能的、群组的和无规则的广场，再到科尔兄弟对于公共空间的类型学分类，影响了学术界对于公共空间的类型-形态学研究。基于形态学的分类方法往往能将公共空间进行无止尽的分类，并且从公共空间的功能出发，人们能够更容易地对其进行分类。例如扬·盖尔将39种"新"的城市空间归纳为五种类型：城市广场、娱乐性广场、滨海步道、交通广场和纪念性广场。韦斯特·卡尔等人将公共空间按11种功能进行分类（见表1-1）[3]；但自从20世纪90年代开始，学术界的研究者们逐渐将公共空间的类型与

表 1-1　韦斯特·卡尔公共空间分类

文化、社会、政治、经济及其他导致人们的公共生活发生变迁的诸多因素之间建立起联系。马修·卡蒙纳（Matthew Carmona）在其2010年发表的关于当代公共空间分类的文章中提出，将公共空间分为三大类：第一类是积极空间；第二类是消极空间；第三类是含混空间（见表1-2）。[4]从社会文化视角出发的学者则将公共空间聚焦在使用者及其在空间当中的感知上。戴因斯和卡特尔（Dines & Cattell）认为使用者与公共空间发生的交互行

表 1-2　卡蒙纳公共空间分类

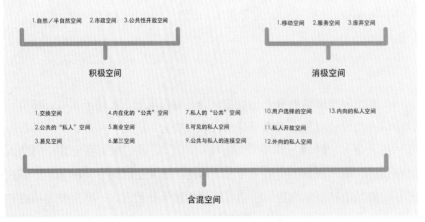

[3] Matthew Carmona. *Contemporary Public Space*, Part Two: Classification. *Journal of Urban Design*, 2010, 15(2):166

[4] Matthew Carmona. *Contemporary Public Space*, Part Two: Classification. *Journal of Urban Design*, 2010, 15(2):169

［5］Dines N& Cattell V. *Public Spaces, Social Relations and Well-being in East London*. Bristol: The Policy Press,2006

为能够形成空间的基本类型，并将公共空间分为五种类型^{［5］}（见表 1-3）。

之所以会出现在传统的类型学之外的新的分类方式，这与人类使用公共空间的方式变化密切相关。

表 1-3　戴因斯和卡特尔公共空间分类

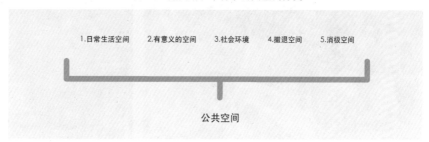

二、设计公司分类

以中国景观设计行业标志性设计公司——土人设计和奥雅设计为代表，查阅这两家公司网站对其项目案例的介绍，发现土人将城市公共空间分为以下七类：城市中心与街区、康体休闲地、生态基础设施、城市公园与绿地、住区环境、场所与环境设计、滨水设计；奥雅设计则将其公司的设计项目分为景观设计、城市规划和建筑设计，公司所作的公共空间设计的分类完全依赖于学科的分类进行划分；而全球知名的 SWA 景观设计公司则将其公司的设计项目按照物理特性划分为 17 类（图 1-11）：棕色地带（待重新开发的城市用地）、城市与市政区域、市政设施、商业与综合体、社区、公司及私人办公空间、教育、健康、医疗、旅游度假区、自然系统、公园、公共场所、住区、零售、运动及主题公园、运输、滨水区。

图 1-11　SWA 景观设计公司项目分类

图 1-12　美国华盛顿国家美术馆东馆大厅

图 1-13　美国乡村酒店中的公共图书馆

图 1-14　美国匹兹堡餐厅空间

　　从这三家中外颇具行业代表性的设计公司来看，设计行业仍然将公共空间分类逻辑停留在物理属性阶段。

　　除了专业学术领域和行业领域对于公共空间的分类外，我们还需要从普通的空间使用者出发，了解普通大众眼里的公共空间究竟是什么？我和我的研究伙伴们寻找了 15 名大学生、教师、设计师，随机组合进行了关于公共空间主题词的头脑风暴。从头脑风暴中可以看出，除了以往学术界和行业界认可的常见公共空间外，普通大众眼中认为虚拟空间、办公室、酒店、电影院、厕所，甚至是健身房、博物馆、图书馆、超市等都是他们生活中的"公共空间"（图 1-12，图 1-13，图 1-14）。尽管普通大众并不能将公共空间按某一种逻辑进行明确的分类，但从这个简单的头脑风暴可以看出，今天大众眼中的公共空间属性已经悄然发生了变化。

第三节　西方城市公共空间发展历史

一、从传统的城市空间到理性规划（1850—1960 年）

图 1-15　卡米洛·西特

西方的公共空间发展历史既是一部城市发展历史，也是一部城市生活发展史。随着 19 世纪中叶开始的第二次工业革命，人类进入了"电气时代"。伴随着人口从农村迁徙到城市，过去清晰的城市边界被打破，城市化发展得到加速。新的城市居民数量的稳定增长对于老城市来说充满了压力。由于传统城市缺乏工业化社会的需求，相比之下新建筑材料、更高效的建造方法和更专业的建造过程可以将原本低矮密集的传统城市变得更大、更高和更快。为解决城市居民人口数量的上升这一问题，在 20 世纪初西方城市发展提出了两种应对策略：一种是，基于传统城市形态与结构的传统城市类型学设计。另一种，则是在第一次世界大战和第二次世界大战之间兴起的对于过往传统建筑及城市形态的根本性突破，即现代主义思潮。

1. 卡米洛·西特：对于传统城市的再解读

西方最早进行城市公共空间研究的学者为奥地利历史学家和建筑师卡米洛·西特（Camillo Sitte）（图 1-15）。他于 1889 年撰写了著作《站在建筑城市的艺术之上》，认为建筑城市的艺术是由建筑与公共空间的相互作用产生的。卡米洛·西特当时并未对公共生活进行研究，但他强调创造为人的空间比关注于直线形式的造型和技术性的解决方案更为重要，并且将传统的中世纪城市生活质量作为设计典范。[6]

2. 勒·柯布西耶：突破传统城市

图 1-16　勒·柯布西耶

1923 年，勒·柯布西耶出版了著作《走向新建筑》（图 1-16）。在这本书中，柯布西耶支持合理的现代建筑与功能性城市运用直线条、高大建筑、宽阔道路和大尺度绿色空间。他的这种打破传统的、高密度城市的现代主义城市规划思想主导了 20 世纪中期的西方城市规划理念。伴随而来的是快速的城市化发展，并帮助城市在健康、安全与效率上进行功能化发展。工业化时代注重的是将效率体现在理性与专业的城市建筑中。当时人类对于大众生活的想象还是追随于功能，并在大部分的现代主义设计案例中可以显而易见地发现当时的形式比生活更重要。

3. 汽车工业对于公共空间的影响

自 20 世纪 50 年代开始，汽车成为西方社会里人们必不可缺的日常生活用品。随着第二次世界大战结束后西方国家经济的复苏与发展，越来越多的人开始拥有汽车。对于汽车的征服使得人们靠步行生活的先决条件逐渐丧失，传统的公共空间使用行为发生了根本性改变（图 1-17）。增长的汽车数量威胁着公共空间中的公共生活。城市密度的下降源自单

[6] Jan Gehl & Birgitte Svarre. *How to study public life*. US: Washington, DC. Island Press, 2013:42

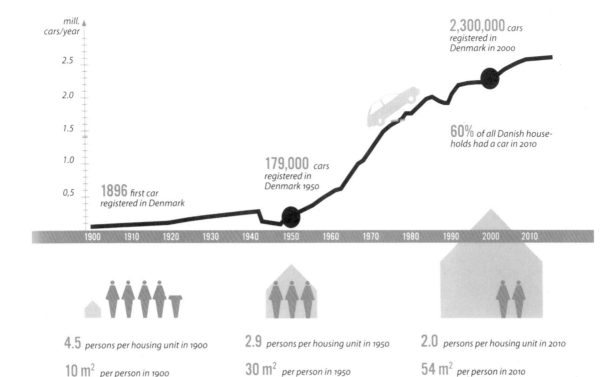

图 1-17　丹麦汽车数量增长图

元住户中人数的降低，人们拥有更多的个人空间、更开放的城市结构与更多的城市空间。传统城市的边界被新的城市郊区空间所替代。尽管很多新的城市公共空间在 20 世纪中叶被建造起来，但城市生活及公共生活并未随之而生，过去充满人情味的拥挤的公共空间逐渐消失了。

二、公共空间与公共生活的回归（1960—1985 年）

　　尽管在 20 世纪 60 年代的西方社会看来，现代主义的设计风格前程似锦，成为当时城市规划的典范。但现代主义风格所注重的光线，空气与自由矗立的建筑被运用于大尺度的城市空间中。现代建筑被认为可以为大量上升的城市人口提供居住的场所，从而替代传统的住宅。但现代主义的城市规划理念很快就受到了批评，他们建造了非人性化的空间尺度，缺乏传统城市环境中随处可见的生活质量。公共空间与公共生活被放大，并且脱离了城市的设计架构。这时期西方学术界涌现出了一批学者，如简·雅各布斯、扬·盖尔、克里斯托弗·亚历山大（Christopher Alexander）和威廉·怀特（William H. Whyte）（图 1-18、图 1-19）。他们都认为"生活"在现代城市规划的过程中被遗忘了，"公共生活"需要被人重新理解。这批研究者各自开始对于城市公共空间和公共生活进行调查研究。始于 20

图 1-18　克里斯托弗·亚历山大

图 1-19　威廉·怀特

世纪 60 年代的方法运动首先从高校开始，然后城市规划者和政治家门才开始缓慢地认识到对于公共空间和公共生活应该有所行动。20 世纪 60 至 70 年代，随着民主化运动在西方国家的兴起，年轻一代的变革、反战思潮、妇女解放运动等民主事件的爆发，使得公共空间重新被利用。公共空间在这个时间段内被认为具有了重要的政治性特色。

三、全球化下的公共空间（1985—2000 年）

随着 20 世纪 80 年代后期苏联解体、东欧剧变、柏林墙倒塌，整个世界进入一个全球化的时代。在这个含混不清的时间段内，作为全球化的影响，城市规划一方面出现了均质化特征；另一方面，人们开始思考人类对于城市、公共空间、混合功能、地域文化的价值，并更多的注入人性化的尺度进行设计与思考。这时期的设计方向开始更多的考虑到建筑与建筑之间的空间价值，以及如何为人提供活动的场所。幸运的是，在西方社会中依然有城市强调城市规划的整体性与公共生活。巴塞罗那，里昂和哥本哈根都有了新的公共空间规划设计。因为有了这些公共空间才赋予城市特殊的气质，公共空间作为城市符号被很多行业杂志、旅游书籍所介绍（图 1-20）。

图 1-20　上海城市广场：均质化的空间环境

四、公共生活成为主流思想（2000—　）

自 2000 年以来，在西方社会中，"宜居"（livable）这一概念开始出现。社交媒体拿着这个概念对全球各类城市进行评估，并且发布年度报告。在美国，"宜居"已经成为　个可操作的概念并上升到国家高度。美国前文通部部长 Ray LaHood 对于"宜居"的解释为："你能够送孩子去上学、工作、看医生、去杂货铺或邮局、出去吃晚餐、看场电影、与你的孩子在公园玩耍——所有的这些都与你的汽车无关。"因此，美国政府开始将城市规划的发展目标转变为让人们放下交通工具，回归公共生活。随着"宜居"概念的兴起，西方社会开始摒弃过去大尺度的城市规划，公共空间设计重新回归到小尺度的、以人的行为逻辑为基础的目标上来（图 1-21，图 1-22）。

图 1-21　美国哥伦布市自行车公共设施

图 1-22　英国伦敦市自行车租赁系统

图 1-23 大连中山广场　　　　　　　　　　　　　　　　　　图 1-24 大连中山广场

图 1-25 大连中山广场

第四节　中国城市公共空间发展历史

一、中国现代化城市的开启

　　公共空间的发展有赖于城市的发展，中国公共空间的发展与中国本土化城市现代发展的历程息息相关。西方社会现代城市的发展开始于第二次工业革命，而中国的城市现代化从什么时候开始出现？1908 年，光绪三十四年七月由民政部拟定并通过了三十五年（1909 年）一月颁布的《城镇乡地方自治章程》在中国现代化历史上具有划时代的意义。它标志着在几千年来以农业生产作为命脉的传统中国社会中，城市作为非农业生产的空间第一次正式进入权力变革的核心，由此揭开了中国城市现代化的序幕。[7]但在 1927 年南方政府统一中国之前，城市建设只在各军阀割据的空间中缓慢而规模较小地进行。这一时期的中国城市公共空间的发展主要以通商口岸城市中的租界地区为代表。如 20 世纪初，受日俄管辖的中国城市，哈尔滨、大连和长春，日俄设计师在此规划了放射型林荫大道，并在道路交汇处设置圆形广场，有些广场上还会兴建标志性建筑物：如哈尔滨的东正教圣尼古拉大教堂（St. Nicholas Central Church）。此类风格的公共空间是美国城市美化运动的扩展，它将城市美化运动普及到殖民制度统治下的地区来。

　　典型案例有大连中山广场（图 1-23、图 1-24、图 1-25）。它始建于

［7］杨宇振．权利、资本与空间：中国城市化 1908—2008 年．城市规划学刊，2009(1):63

1899 年，当时大连被俄国统治，任大连市市长的俄国人为了表示对沙皇的忠诚，将该广场取名为"尼古拉耶夫广场"（尼古拉耶夫是沙皇尼古拉二世的名字），新中国成立后改名为"中山广场"。此广场地处大连市中山区繁华商业中心，是市区较大的开放型交通广场。广场直径 213 米，面积为 2.26 万平方米，其中绿化面积 1.5 万平方米。四周设置有机关、银行、教堂、旅馆等公共建筑。大连市区道路以中山广场为中心呈放射状，有 10 条大街。

中山广场的设计受俄国人主导，完全学习了巴黎式的核辐射式布局，日本占领大连后对保留了欧洲风格的城市建筑与规划进行发扬和延续。

二、中华民国的首都计划

图 1-26　《首都计划》

1927—1937 年是 20 世纪上半叶中国城市化发展的黄金时期，是城市市政与建筑设计同其他现代意义的行业一起在理论和实践上奠基的十年。这一时期出现了中国最早的现代城市规划，也是民国时期中国最重要的城市规划——《首都计划》（图 1-26）。《首都计划》是中华民国国民政府在民国十八年（1929 年）所编制的建设当时首都南京的城市规划计划大纲。它在规划方法、城市设计、规划管理等诸多方面借鉴了欧美模式，在规划理论及方法上开中国现代城市规划实践之先河。《首都计划》提出"本诸欧美科学之原则""吾国美术之优点"作为规划的指导方针，宏观上采纳欧美规划模式，微观上采用中国传统形式。由于首都计划里的道路系统引进了林荫大道、环城大道、环型放射、矩形路网等新的规划概

［8］国都设计技术专员办事处编.首都计划.南京: 南京出版社，2006，2~3

图 1-27　中央政治区鸟瞰图

图 1-28　新街口道路及重点鸟瞰图

图 1-29　1946 年新街口广场

念与内容（图 1-27）[8]。使得鼓楼广场、新街口广场（图 1-28，图 1-29）
随着城市道路的建设应运而生，并成为当时及日后南京重要的集会游行的
公共空间。《首都计划》不仅影响了南京的城市规划及公共空间的发展，
还影响了随后许多中国城市的规划设计、公共空间设计。《首都计划》的
实际价值远远超越它在南京的具体实践，更在于它的理论及方法对中国近
现代城市规划发展的促进作用。[9] 中国许多城市的近现代城市公共空间发
展也受其深远影响。

三、新中国成立后的独特发展

　　1949—1978 年的计划经济时期，中国城市化发展因政治体制的转变
而脱离了严格意义上的资本，它并非通过市场获得积累。这时期中国城市
公共空间的发展主要受文化大革命前"苏联模式"的影响和"文化大革命"
十年浩劫的影响，形成了独特的发展脉络。

"苏联模式"城市规划的引入与发展

　　在新中国第一个国民经济五年计划时期，为配合苏联援助的 156 个重
点工程为中心的大规模工业建设，处理好与原有城市的关系，国家急需建
立城市规划体系。为此，引入了"苏联模式"的规划方式。[10]

　　总体来看，这一时期的城市规划与建设工作奠定了新中国城市规划与
建设事业的开创性基础。由于全面学习苏联，包括与计划体制相适应的
一整套城市规划理论与方法，使中国现代的城市规划与建设，具有严格的

［9］国都设计技术专员办事处
编 . 首都计划 [M]. 南京：南京出
版社，2006，2

［10］董鉴泓主编 . 中国城市建
设史 [M].（第三版）. 北京：中
国建筑工业出版社，2004，405

图 1-30　1950 年代北京苏联展览馆广场

计划经济体制特征，也带有一些"古典形式主义"的色彩。在城市规划中强调平面构图、立体轮廓，讲究轴线、对称、放射路、对景、双周边街坊街景等古典形式主义手法；城市建设也一度出现了"规模过大、占地过多、求新过急、标准过高"的所谓"四过"现象，忽视工程经济等问题。[11]

因此这个时期的城市公共空间设计手法和设计风格受到苏联模式的影响，并带有"古典形式主义"色彩。城市规划总图比较讲究构图和城市建筑艺术，常常布置众多广场，强调对称式轴线干道系统。城市广场基本都被设计在城市轴线上，多数为道路交叉口上的交通广场，基本每个城市的市中心都设置有广场，作为该城市最主要的公共空间。有些城市的公共空间设计直接由苏联专家进行指导，公共空间的形式与风格具有明显的苏联特色，广场形态和细节元素都运用了传统西方古典主义样式（图 1-30，图 1-31 ）。

[11] 董鉴泓主编. 中国城市建设史 [M].（第三版）. 北京：中国建筑工业出版社，2004，405~406

图 1-31　1950 年代北京苏联展览馆广场

图 1-32　1970 年代广州火车站广场　　　　　　　　图 1-33　1970 年代广州火车站广场

四、"文化大革命"的影响

在"文化大革命"的十年风暴中，中国城市公共空间的发展经历了前所未有的破坏与挫折。总体来说，城市公共空间在很大程度上遭到了破坏，

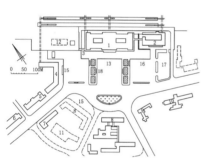

1. 站屋；2. 行包房；3. 出站口；4. 电讯楼；
5. 邮政转运楼；6. 长途汽车站；7. 商店；
8. 旅馆；9. 国际电讯楼；10. 研究所；11. 商场；
12. 预留近郊旅客候车室；13. 专用客车停车场；14. 出租机动三轮车停车场；15. 公共汽车站；16. 出租汽车停车场；17. 行包车停车场；18. 自选车存车处

图 1-34　1970 年代广州火车站广场平面图

一些广场设施、广场绿化、以及城市小游园等被任意践踏与破坏。城市规划事业全面停滞，基本无人问津城市公共空间的发展与保护。

但在"文革"后期，还是有一些极少数的城市公共空间得到了建设与发展。如北京天安门广场、南昌人民广场，就是"文革"后期不多的扩建实例。同时"文革"期间，由于全国大串联的活动影响，各地站前广场得到了较大建设，个别省会城市、部分地级市都相继修建了火车站及站前广场（图 1-32、图 1-33、图 1-34），成为"文革"中为数不多的新建项目，满足了当时人民群众对于交通出行的需要。这些站前广场的形式也逐步摆脱了 20 世纪五六十年代苏联模式的影响，结合各自城市的环境特点，因地制宜，各具特色。

图 1-35　合肥河滨小游园平面图

与此同时，在"文革"后期，一些新的小游园也开始建设起来。这时期的小游园改变了先前面积狭小，形式、内容单一的情况，无论从平面布局、形态还是建筑小品，装饰手法都有了较大进步，为 20 世纪 80 年代小游园的大发展奠定了前期基础（图 1-35，图 1-36）。

图 1-36　合肥河滨小游园

　　随着"文化大革命"的结束，中国城市公共空间的发展历史告别了一段重要而曲折的发展过程。

五、改革开放后迈入全球一体化阶段

　　1978年至今的近40年间，是中国以自身独特方式进入全球化的40年，同时其城市现代化的建设与发展也作为全球化的主要特征之一得以体现。1978年以来中国城市发展经历了3次重要的"调节"：1994年开始的中央与地方之间的分税制财政管理体制；1998年的住房制度改革；2005年年底至2006年年初提出的"新农村建设"。这三次调节巨大地推进了中国城市化的发展，使得最近20年成为中国城市进入全世界都为之侧目的迅速发展期，有人称之为中国城市的"黄金时期"，也有人称之为"大跃进"时期。1994年的调节激发了地方政府的发展积极性。"城市建设"与"土地"成为地方政府手中最为自主和灵活的"生产资料"。但自1990年代中期以来"城市总体规划"中存在土地规划的不合理性、人口规模"大跃进"式的虚拟增长直接反应到地方各城市的公共空间建设中。这时期的城市公共空间盲目追求形体与模式的空旷，这种"空间扩张"被称为默认的、许可的、高速度发展的典型范式。如山东省济南市泉城广场、辽宁省大连市星海广场等（图1-37，图1-38）。

图 1-37　济南泉城广场

图 1-38　济南泉城广场

图 1-39 上海 k11 商业广场

[12] 赵燕菁. 国际战略格局中
的中国城市化 [J]. 城市规划汇刊,
2001（1）：10

　　1998 年的住房制度改革给当时更有发展空间的房地产行业提供了渠道
和空间，也是这一时期推动城市化、促进消费、拉动国民经济的重要动力。
住房制度改革的目标是为了创造国家的有效需求，"这一目标使中国的城
市政策第一次从为其他核心政策配套位置上升为核心政策的位置，成为能
够同时在提高生产效率，扩大国际市场和提高消费率，扩大国内市场两个
方向发挥重大作用的政策选择……
城市化政策将是其关键作用的国家
政策之一"。[12] 随着中国房地产
行业的大发展、城市化政策的关键作
用，公共空间的发展进入了一个前所
未有的高速发展时期。中国城市公共
空间的类型在这一时期出现了新的
发展，较以往多为市政设施及其配套
的公共空间功能来看，这一时期公共
空间的商业化发展取得了全面化的
发展，商业步行街和各类商业公共
空间如雨后春笋般地涌现（图 1-39、
图 1-40、图 1-41、图 1-42）。

图 1-40 上海新天地

图 1-41　北京三里屯 soho 商业街区（1）

图 1-42　北京三里屯 soho 商业街区（2）

第二章 传统城市公共空间分类与案例

传统的城市公共空间以城市广场、公园、街道为三个最核心的代表。广场往往是城市中最具识别性和传统性的场所；公园为人们提供娱乐、运动或野外生活及自然生活的发生地；街道则是城市居民日常生活的舞台，它既是通往城市的边界线，又是自成一体的公共空间体系，担当着偶然交流的场所作用。

第一节 城市广场

一、定义

城市广场自古至今在西方世界中始终被认为是公共空间最典型的代表。城市广场中的市政形式也是最具识别性和传统性的。凯文·林奇（Kevin Lynch）认为："广场位于一些高度城市化区域的核心部位，被有意识地作为活动焦点。通常情况下，广场经过铺装，被高密度的构筑物围合，有街道环绕或与其连通。它应具有可以吸引人群和便于集会的要素。"马库斯和弗朗西斯（Clare Cooper Marcus and Carolyn Francis）在《人性场所》一书中对于城市广场定义为："一个主要为硬质铺装的、汽车不得进入的户外公共空间。其主要功能是漫步、闲坐、用餐或观察周围世界。与人行道不同的是，它是一处具有自我领域的空间，而不是一个用于路过的空间。当然可能会有树木、花草和地被植物的存在，但占主导地位的是硬质地面；如果草地和绿化区域超过了硬质地面的数量，我们将这样的空间称为公园，而不是广场。"[13]

二、类型

1. 城市中心广场

城市中心广场是最接近于欧洲传统城镇广场或市场的公共空间类型。它通常位于城市的心脏地带，为公共所有，面积区域一般较大、较灵活，能够容纳午间自带午餐的休息人群、露天咖啡店、过往行人以及临时性的音乐会、艺术表演、集会、展览会等的需求。这类城市中心广场通

[13]［美］马库斯、［美］弗朗西斯.人性场所（第二版）.俞孔坚，孙鹏，王志芳等译.北京：中国建筑工业出版社，2001，12

常也是这个城市最吸引旅游者的游览地之一。如意大利圣马可广场
（图 2-1、图 2-2、图 2-3）。

图 2-1　意大利圣马可广场（1）

图 2-2　意大利圣马可广场（2）

图 2-3　意大利圣马可广场（3）

2. 市政广场

城市中的市中心广场、区中心广场上大多布置公共建筑，平时为城市交通服务，同时也供旅游及一般活动，需要时可进行集会游行。这类广场有足够的面积，并可合理地组织交通，与城市主干道相连，满足人流集散需要。但一般不可通行货运交通。可在广场的另一侧布置辅助交通网，使之不影响集会游行等活动。例如，北京天安门广场（图 2-4）和苏联莫斯科红场等，均可供群众集会游行和节日联欢之用。这类广场一般设置较少绿地，以免妨碍交通和破坏广场的完整性。在主席台、观礼台的周围，可重点设置常绿树，节日时，可点缀花卉。为了与广场及周围气氛相协调，一般以规整形式为主，在广场四周道路两侧可布置行道树组织交通，保证广场上的车辆和行人互不干扰，畅通无阻。广场还应有足够的停车面积和行人活动空间，其绿化特点是一般沿周边种植，为了组织交通，可在广场上设绿地种植草坪、花坛，装饰广场，形成交通岛的作用。

3. 街道广场

街道广场是对街道空间在局部进行放大处理，从而创造出空间感受的变化，它的影响是局部的。但由于街道广场与城市道路有着直接的关联，因此它的城市性特征还是非常明显的，它是对城市和城区中心广场的重要补充，它以较为庞大的数量支撑着城市公共空间体系的完整性（图 2-5）。

图 2-4　1950 年天安门广场

图 2-5　纽约市曼哈顿哥伦布广场

4. 社区广场

社区广场是为社区公共生活提供支持的城市公共空间，而活动的参与者一般只局限于本社区的居民，它虽然隐藏于整个城市的公共生活之下，但却是市民公共生活日常的发生地。此类广场是现代城市与向现代城市生活发展的表现与结果，在传统的城市里几乎未产生过（图2-6、图2-7）。

图2-6 无锡市沁园新村公共空间里锻炼身体的人们　　　　图2-7 无锡市万科魅力之城社区广场跳舞的老年人

三、案例

北京天安门广场

天安门广场始建于明永乐十五年（1417年），当时是作为宫廷广场来设计的。广场的南端为中华门，门内东西两侧，沿红墙之内一丈多远建有千步廊。长安左门和长安右门是其东西两侧的收口。天安门广场的这一基本空间形态由明朝一直延续至1949年新中国成立之时。从1949年起至1959年，天安门广场由原来的狭长"T"字形广场发展成后来的矩形广场，大大扩展了广场的面积，重新围合与限定了广场空间，基本奠定了今天天安门广场的空间布局与形态。1970年代末，在纪念碑以南建立了毛主席纪念堂，经扩建广场面积达到49公顷。广场北起金水桥，南至正阳门，东西以中国革命博物馆和中国历史博

图2-8 天安门城楼

图 2-9 天安门广场

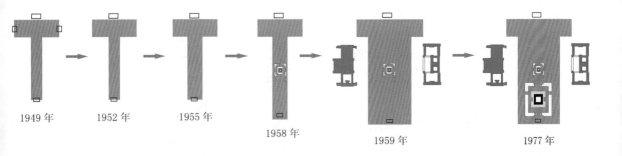

| 1949 年 | 1952 年 | 1955 年 | 1958 年 | 1959 年 | 1977 年 |

图 2-10 1949—1977 年天安门广场形态演变

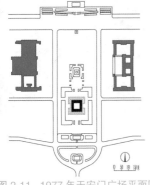

图 2-11 1977 年天安门广场平面图

物馆以及人民大会堂为界，南北长 860 米，东西宽 500 米，可容纳 50 万人的群众集会（图 2-8、图 2-9、图 2-10、图 2-11）。

　　北京天安门广场因其空间构建受到特殊的政治思想影响而闻名于世。作为中国现代史上诸多政治、历史事件的发生地和新中国最重要的活动举办地、集会场所，它并不是中国传统公共空间的延续，而是中国人心目中国家形象的代表。

第二节　公园

一、定义

　　维基百科中关于公园的定义是：公园是由自然的、半自然的或者被人工种植的空间组成的为人提供娱乐、运动或对野外生活和自然生活环境的保护。它由草地、岩石、土壤和树木组成，但也包含建筑物及其他人工构筑物，如纪念碑、水池或游乐场。[14] 在北美国家，很多公园都有体育活动的场地，如足球场、棒球场、美式橄榄球场和篮球场等游乐场地。很多公园拥有散步道、自行车道和其他的活动道路。城市中的公园受限于城市内部环境，一般面积较小，它通常会有座椅为人们提供休息。有的还会有野餐桌和烧烤区域。城市公园对于宠物的公共性不尽相同，有些会禁止宠物入内，有些则对宠物完全开放（图 2-12、图 2-13 ）。

　　城市公园的尺度大小不一，有些大型公园可以有数公顷的面积，甚至会拥有山体与河流。在很多大型公园里，人们可以进行野营等户外活动。

[14] https://en.wikipedia.org/wiki/Park

图 2-12　日本传统园林

图 2-13　美国街头古典花园

早期的公园出现于波斯国的苑囿，原目的为供骑射的驰道和遮蔽风雨的处所，美化后成为公园。公园在古希腊时期，是露天集会场地，希腊人在露天场所从事运动、社交活动，其后更结合了艺术与宗教的功能。到文艺复兴后期，树林、浮雕长廊、鸟舍和野生动物成为此时期公园的特点。而中国的公园，则最早记载于南北朝时期《北史》景穆十二王传："任城王澄表减公园之地，以给无业。"

不过中国真正具备现代意义上的分享共用的公园，直到 1865 年在广州沙面租界才初见，是由分属英方的女王公园与法方的法国公园共同组成的一片岛内的公共绿地。[15]

二、类型

依据建设部城建司 1994 年印发的《全国城市公园情形表》和有关材料，中国现有公园的类型包含：综合性公园、居住区公园、居住小区游园、带状公园、儿童公园、少年公园、青年公园、老年公园、农民公园、动物园、植物园、专类植物园、森林公园、景致名胜公园、历史名园、文物古迹公园、纪念性公园、文化公园、体育公园、雕塑公园、科学公园、国防公园、游乐公园、文化旅游公园，等等。虽然中国在 1991 年印发的《城市建设统计指标说明》和 1992 年修订的《公园设计规范》中，对公园的类型、设置内容和范围作了规范，但基本都是从设计和统计的角度对公园类型进行划分，具有一定的局限性，同时又未能与西方国家的公园体系对接，形成完善的公园分类体系（图 2-14、图 2-15）。

[15] https://zh.wikipedia.org/wiki/ 公园

图 2-14　无锡锡惠公园

图 2-15 无锡蠡湖公园

1. 国家公园

它是一种为保留自然而划定的区域，通常由政府拥有，目的是保护某地不受人类发展和污染的伤害。在世界自然保护联盟保护区分类体系中位于第二类。世界上最早的国家公园为 1872 年美国建立的"黄石国家公园"，之后"国家公园"一词被世界很多国家使用。中国的国家公园体系实际上对应于 1982 年设置的"国家重点风景名胜区"一词（图 2-16、图 2-17、图 2-18）。

图 2-16 美国黄石公园

图 2-17 美国大峡谷

图 2-18 美国布赖恩峡谷

2. 城市公园

根据维基百科的解释，城市公园，是指在城市内部的公园，为城市居民、旅游者提供娱乐的绿色空间。城市公园的设计、管理与维护都由当地政府负责，有时也由私人企业负责。根据建造预算和自然因素条件，城市公园的基本特征应包含游乐场、花园、徒步、跑步和健身步道、体育运动场地和球场、公共卫生间、划船区或野餐设施。

公园可以被区分为主动娱乐区和被动娱乐区两部分空间。主动娱乐区具有城市特性，需要对场地进行高强度的开发。它通常是指在游乐场、运动场、游泳池、健身场和溜冰场地等进行协作的或团体的活动。这种团队运动的主动娱乐需要提供可持续的空间来满足人群的聚集，因此需要深入的管理、维护和高额的经费支撑（图 2-19，图 2-20）。被动娱乐，又称"低

图 2-19 美国芝加哥千禧公园 主动娱乐（1）

图 2-20 美国芝加哥千禧公园 主动娱乐（2）

图 2-21 美国鹿角公园 被动娱乐（1）

强度娱乐"，它强调站在公园的开放空间角度并要求对自然环境进行保

图 2-22 美国鹿角公园 被动娱乐（2）

护。它一般仅需要对场地进行低程度开发，例如由粗糙木材做成的野餐区、木制长椅和木制步道。同时，被动娱乐只需要一些低成本的管理（图 2-21，图 2-22 ）。

3. 线性公园

线性（或带状）公园是一类特殊的公园形式，它可以位于一个社区（依据居住密度或收入划分），也可以跨越多个社区。线性公园是一种位于城区或郊区环境中的可让公众接近的自然或绿化空间，长度比宽度大得多，经常沿着废弃的火车道、隧道、城市河流或小溪分布，或者位于快速交通高架轨道下面。[16] 近年来具有代表性的线性公园有上海浦东的后滩公园（图 2-23、图 2-24 ）、纽约曼哈顿的高线公园。

图 2-23 上海后滩公园（1）

图 2-24 上海后滩公园（2）

[16]［美］马库斯、［美］弗朗西斯.人性场所（第二版）.俞孔坚，孙鹏，王志芳等译.北京：中国建筑工业出版社，2001，112

三、案例

1. 中央公园

中央公园是位于美国纽约曼哈顿中心区的一座大型城市公园。公园最早于1857年开放，当时的面积为779英亩（315公顷）。1858年，费德列·洛·奥穆斯特和卡弗特·沃特·沃克斯以"草坪计划"（Greensward Plan）赢得了扩展公园的设计竞赛。这项计划在同年开始施工，经过了美国"南北战争"后在1873年完工。中央公园是美国造访人数最多的城市公园。[17] 在过去的156年历史中，中央公园也曾因为政治、经济和文化的影响而出现两次危机，之后又经历了两次翻新（1980—1990年代和2000年代）。今天的中央公园充满了纽约城市的活力与朝气，是当今世界历史最悠久并且依然运营良好，可持续健康发展的城市公园。同时，中央公园的发展已经上升为一个美国式的伟大的公共公园。它的意义在于它是一个可以被模拟和塑造公共行为的地方，并能为所有城市居民提升生活质量。毋庸置疑，中央公园定义了一个伟大的城市公共空间（图2-25、图2-26、图2-27、图2-28）。

2. 高线公园（High Line Park，英语常称：High Line）

高线公园是位于美国纽约市曼哈顿弃用的纽约中央铁路西区线一个高架桥上的绿道和带状公园，长达1.45英里（2.33千米）。这座公园的设计理念来自法国巴黎的绿荫步道，后者1993年建成。

高线公园从南西区线弃用的部分，这一条铁路自肉库区甘斯沃尔特街

［17］https://zh.wikipedia.org/
wiki/ 中央公园 _(纽约市)

图 2-25　纽约中央公园攀岩活动者

图 2-26　纽约中央公园草坪野餐的人们

图 2-27　纽约中央公园长跑锻炼者

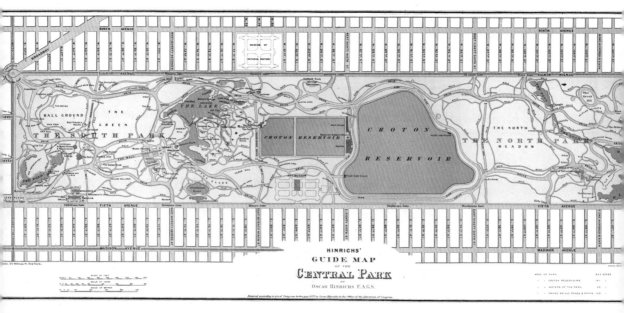

图 2-28　纽约中央公园 1875 年地图

（Gansevoort Street）穿过切尔西，一直延伸到 34 街的西区广场。还有一段在开发的地区继续延伸到第十大道。以前其南部还直抵坚尼街北部的春天街，但 1960 年这一段大部分都被拆除了，1991 年在此对剩余部分进行清理，现在已经无影无踪。2006 年开始对这段废弃铁路进行再开发，在 2009 年、2011 年和 2014 年分三阶段完工。只有第十大道和 30 街上的一小部分还处于关闭状态。

这一再开发计划振兴了公园附近的房地产业，每年吸引着数以百万计的游客来参观。同时也成为全世界最新最出名的线性公园，在设计界和旅游界均具有很高的地位与价值（图 2-29、图 2-30、图 2-31、图 2-32）。

图 2-29 纽约高线公园（1）

图 2-30 纽约高线公园（2）

图 2-31 纽约高线公园（3）

图 2-32 纽约高线公园（4）

第三节　街道

一、定义

　　阿尔伯蒂和帕拉弟奥两人都区分了街道的两种主要类型——城市中的街道和城市之间的道路。[18]本书所指的街道为第一种类型，即城市中的街道。简·雅各布斯曾说："街道及其两边的人行道，作为一个城市的主要公共空间，是非常重要的器官。"街道不仅是一座城市的自然构成元素，还是一种不可或缺的社会因素。芒福汀在其著作《街道与广场中》中认为，在街道内部和大城市之中，街道都成为两栋建筑物的联系纽带。作为纽带，它既方便了步行者的运动，也方便了运送用以维持各种市场的货物以及街道的一些特殊功能的使用。在方便人和群体之间的交流上，它担当着偶然相互交流的场所作用，包括娱乐、对话、表演和举行各种典礼及仪式，同时也方便人和群体之间。[19]街道可以是通往其他地方的公共空间，也可以是一个自我封闭的空间体系，具有自身明确的边界线（图2-33、图2-34）。

　　传统街道的形式与功能在西方的大都市以及东方的大都市，都随着现代社会模式的变化而发生变化。由于工业化城市的发展，许多城市的尺度和街道空间发生了变化，人们在街道中的行为也随之发生了变化。过去，人们会步行去购物，步行送孩子去上学。而今天，越来越多的人

[18]［英］芒福汀.街道与广场（第二版）.张永刚，陆卫东译.北京：中国建筑工业出版社，2004，138

[19]［英］芒福汀.街道与广场（第二版）.张永刚，陆卫东译.北京：中国建筑工业出版社，2004，141

图 2-33　芝加哥街道步行道

图 2-34　旧金山九曲花街

则是驱车前往超市、学校或休闲的公共空间，以汽车为主的城市街道逐渐失衡（图 2-35、图 2-36）。尽管街道的功能发生了变化，但在欧洲，许多步行化的城市中心却相当成功，它所提供的多样化的吸引力，使得大量的行人选择逗留。城市街道的步行化趋势在现代化城市不断发展的中国也逐渐被大家所重新提倡。

图 2-35 辛辛那提不适宜步行的城市道路

图 2-36 辛辛那提不适宜步行的城市道路

二、案例

时代广场街道改造项目

一直以来的城市公共空间设计思想，都将混合交通与步行友好的街道作为好的城市的必备要素，然而在实践中，城市街道的包容性往往与机动车的通行需求相左，每一条繁忙的街道和场所，都自愿或不自愿地面临选择——红线之间的线性空间的使用权应该给谁，才能在效率、安全和空间质量之间找到一个最优的平衡。下面就以美国纽约时代广场街道改造作为这一设计思想的典型案例分享给大家。

时代广场（Times Square，又译为时报广场）是美国纽约曼哈顿的一个商业中心，位于百老汇大道与第七大道会合处，范围由西42街延伸至西47街。时代广场的名称源自《纽约时报》（*New York Times*，又译为"纽约时代报"）早期在此设立的总部大楼，因此中文译名有时会根据报社而译为"时报广场"，或根据英文原名"Times"直译为"时代广场"。[20]

20世纪的1910年代和1920年代，时代广场快速发展成为聚集剧院、音乐厅、以及特色酒店的文化集中地，是人们聚集、等待和庆祝大事的场所，无论是棒球世界大赛还是总统选举都在此庆祝。[21]进入1930年代大萧条之后，时代广场气氛出现转变，充斥着色情表演场所，犯罪、暴力将时代广场变为纽约曼哈顿最危险的街区之一。直到1990年代中期，整个纽约开始了大规模的犯罪整治和社会治理。由于犯罪率下降和整体空间质量得到了改善，时代广场重新成为金融、商业、媒体、娱乐的聚集地，恢复、甚至超越了原有的繁荣。

时代广场最近的改造源自于2009年2月，时任纽约市市长的布隆伯格宣布在百老汇大道时代广场段（42—47街）和先驱广场段（33—35街）试行增加步行空间（图2-37）。当年5月，纽约市交通部门 DOT (Department of Transportation)

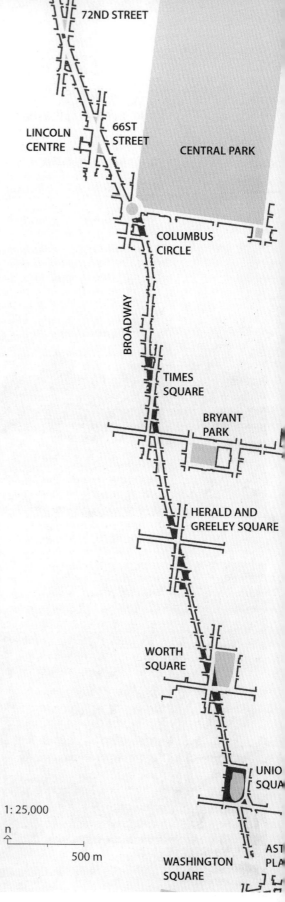

图 2-37   时代广场地图

　　根据之前的交通研究，对这一路段的公共交通进行线路调整；通过改变道路铺装、添设临时座椅、自行车专用道等方式，将时代广场和先驱广场转变为慢行交通更友好的公共空间。

　　时代广场的首期改造项目由挪威 Snohetta 建筑事务所完成（图 2-38，图 2-39）。设计者依据纽约市交通部于 2009 年提出的"中城区绿灯计划"（Green Light for Midtown）的主旨，对时代广场进行了临时性的地面铺装和街道家具的布置来禁止百老汇门前道路（42—47 街）的汽车通行。最初的改造，希望以此提升时代广场的安全性并减轻交通拥堵的情况。一

图 2-38　纽约时代广场改造

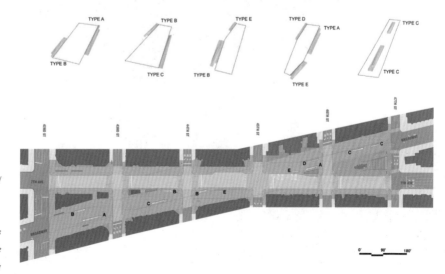

[20] https://zh.wikipedia.org/wiki/ 时代广场

[21] James Traub. *The Devil's Playground: A Century of Pleasure and Profit in Times Square*. New York: Random House，2004

图 2-39　纽约时代广场改造

期工程完工后，人们看见时代广场通过以下三方面的措施：提升关键性的
市政设施，为广场的公共活动提供基础建设，为城市建设进行了永久和暂
时性的改造，获得了城市公共空间的重新定义。现在越来越多的人会聚集
于一个集安全、舒适、美国文化于一体的时代广场（图2-40、图2-41）。

图2-40　改造后的纽约时代广场（1）

图2-41　改造后的纽约时代广场（2）

第三章 城市公共空间设计方法

城市公共空间的设计方法除了绘制标准、精美的图纸之外，哪些设计准则需要掌握？哪些设计工具需要了解并运用？哪些城市公共空间的研究工具被学界广泛运用？针对城市公共空间的独特性与复杂性，笔者从以人为本的设计理念出发，梳理城市公共空间的设计工具与研究工具。

第一节 城市公共空间设计准则

[22]［英］芒福汀.街道与广场[M].张永刚，陆卫东译.北京：中国建筑工业出版社，2004，48

一、尺度

图 3-1 辛辛那提大学校园空间距离

图 3-2 辛辛那提大学校园公共餐厅空间

图 3-3 芝加哥公园雕塑

城市公共空间的尺度是以人作为实际尺度的度量，即人可见的尺度。同时公共空间的尺度被用来和人类形体的比例进行比较。因此，公共空间的尺度离不开人的行为尺度。梅尔滕斯建议鼻梁骨是识别个人的鉴别特征，因此最远的识别人的距离为 35 米（115 英尺），超过这个距离，人脸就会变得模糊。梅尔滕斯还提出人们可以在 12 米（40 英尺）的距离识别人；在 22.5 米（75 英尺）的距离认出人，在 135 米（445 英尺）的距离识别形体动作，即识别男人或女人的最远距离[22]（图 3-1、图 3-2、图 3-3）。

不同的公共空间尺度依据上述的准则进行合理设计。例如，城市广场，凯文·林奇提出的建议尺寸为 12 米（40 英尺），他认为该尺度是亲切的，24 米（80 英尺）仍然是宜人的尺度；格儿建议最大尺度可以是 70~100 米（230~330 英尺），因为这个尺寸范围是能够看清物体的最远距离。另外，还可以结合看清面部表情的最大距离 20~25 米（65~80 英尺）来进行设计。西特建议设计公共广场的尺度时，其围墙长度应保持在 3:1 的尺度范围内。在《如何营造一个有吸引力的城市中》，作者阿兰·德·波顿（Alain de Botton）建议广场的直径应控制在 30 米以内，超出这个尺寸，会令广场上的个体感到自身的渺小、疏远和错位。理想的广场空间必须让人们感受到空间的亲密与接近，就像是自家的延伸，而非空旷或幽闭（图 3-4、图 3-5）。街道的尺度则是根据人的行为感知而来。一般线性街道、线性公园，哪怕是需要大尺度的纪念性空间，最长距离也不会超过 1.5 公里（1 英里），因为超出这个距离人们就会失去尺度感。例如，美国华盛顿越

战纪念碑仅仅只有500英尺，相当于152米的距离（图3-6、图3-7、图3-8），
而从华盛顿林肯纪念堂到方尖碑的距离，刚好是1.2公里（4000英尺）
（图3-9、图3-10、图3-11）。芝加哥最著名的商业街道密歇根大道别称
为豪华一英里，即其总长度是1.5公里（1英里）（图3-12、图3-13）。

二、使用人群

　　在进行公共空间设计的时候，使用人群是一个非常重要的设计要素，
不容忽视。
　　使用人群的潜在需求决定了他们对于公共空间的选择；使用人群不
同的行为特征决定了公共空间的设计与建造、运营应该为其提供哪些内
容。同时还应在确立典型使用者特征的基础上，关注到非典型使用者的
特殊需要，例如妇女、儿童、老人、低收入者、不同文化群体成员等
（图3-14、图3-15、图3-16、图3-17）。
　　中国近当代的城市公共空间设计准则却长期缺乏对于使用人群的研究
与关注。儿童、青少年、老人是公园的主要使用者，关于这部分人群行为的

图3-5　芝加哥千禧公园大豌豆尺度

图3-4　适宜的尺度，辛辛那提大学校园

图3-6　华盛顿越战纪念碑长度

图 3-7　华盛顿越战纪念碑长度

图 3-8　华盛顿越战纪念碑长度

图 3-9　华盛顿林肯纪念堂远眺方尖碑

图 3-10　华盛顿林肯纪念堂远眺方尖碑

图 3-11　华盛顿林肯纪念堂远眺方尖碑

图 3-12　芝加哥密歇根大道上的街边花园

图 3-13　芝加哥密歇根大道上的街头艺人

关注在中国仍处于起步阶段。2015 年 6 月至 12 月，我所带领的研究小组对中美两国老年人在公共空间中的使用行为进行了调查，选取以纽约和上海的城市公共空间作为调研地，发放了 200 份调研问卷，对性别、年龄、行为差异、个人喜好等因素进行了数据分析，提取了两国老年人在公共空间中使用行为的相同点与不同点（图 3-18、图 3-19、图 3-20）。除了对人群进行简单的划分之外，不同种族、性别和阶层的人也会在公共空间中发生不同

图 3-14　辛辛那提斯梅尔河前公园玩耍的家长与儿童

图 3-15　纽约中央公园雕塑上玩耍的儿童

图 3-16　辛辛那提大学草坪上上课的年轻人

图 3-17　纽约下城区街头表演者和众多参与人群

的行为习惯。另外，不同类型的公共空间所针对的使用者及其行为也会有
所不同。例如，在城市商业步行街中，年轻人所占比例远远大于老年人和
儿童（图 3-21、图 3-22）。在邻近社区的城市公园中，平时以老年人居
多，周末会以带小孩的父母居多（图 3-23、图 3-24）。这些不同位置、
不同类型的公共空间所面向的使用者不尽相同，需要设计者们仔细调查与
研究。

三、活动与事件

20 世纪 70 年代初欧美研究者开始用调查和问卷的方法来确立公共空
间的使用模式。而在中国，公共空间的设计建造仍然注重美学的要求。但
通过观察人们在公共空间中的行为可以发现，社会交往才是使用者进入公

图 3-18　无锡惠山大桥下练集体舞的老人

图 3-19　纽约高线公园中采访美国老年人

图 3-20　纽约中央公园中接受问卷调查的老年人

图 3-21　伦敦西区街头的年轻人

图 3-22　纽约时代广场上的人群

图 3-23　无锡城中公园里带小孩的老年人

共空间的重要原因。海沃德提出："人们常根据其他人（朋友、他们害怕的人、家庭成员、贩毒分子、巡警）是否去公园，而不是根据景观特征或休闲消遣机会来决定去不去公园。"人们使用公共空间的真实原因是与人见面和观察他人。因此，城市公共空间应该既为公开的社会活动或集会活动服务，又为隐藏的社会活动或人们观察周围世界而服务。换言之，公共空间应该为人们显现或隐藏的所有活动与事件服务。并且，公共空间还是这些活动与事件的发生地，活动与事件本身也是可以被设计的。除了要根据公共空间中的活动与事件设计相应的设施与空间外，如提供野餐桌、提供恰当的作为、提供在视觉上有吸引力的穿行路线、提供会面空间等，公共空间还应该为其使用者提供各类具体活动（图 3-25、图 3-26、图 3-27）。例如，美国辛辛那提的华盛顿公园，每年都会在此公园的大草坪上举行定

图 3-24　无锡城中公园里的老年人

图 3-25　纽约高线公园的工作人员向游客免费提供饮料

期与不定期的各类活动：夏季音乐会、夏季跳蚤市场、集体瑜伽锻炼等（图 3-28、图 3-29）。公共空间的设计已经不仅仅是空间物体本身的短暂性、封闭性设计，还应是社会交往过程中活动与事件的长期性、开放性设计。

第二节　城市公共空间设计工具

本书介绍的设计工具注重城市公共空间设计过程中的前半段过程，即前期探索与发现和城市公共空间概念定义这个阶段，以及设计后期的评估

图 3-26　纽约高线公园为人们提供停留的空间

图 3-27　辛辛那提市克利夫顿社区举行夏季室外音乐会

图 3-28　辛辛那提市华盛顿公园举行夏季跳蚤集市

图 3-29　辛辛那提市华盛顿公园举行夏季跳蚤集市

阶段。因为目前大部分的设计师都明确设计阶段中部分的设计开发工具，但一个好的城市公共空间设计往往缺乏的是设计前期阶段的现状解读与概念生成，同时设计完成之后的设计评估阶段在中国也常常被忽视。

一、前期探索与发现

1. 地图法（Mapping）

地图法是一种以用户为中心的设计方法，它将用户视为"有经验的专家"，并邀请其参与设计过程。情境地图的绘制必须有一个主题构成，情境地图也可以是公共空间前期对于场地调研的一种反应方式。地图法工具可以展现公共空间中的行为、人群、场所的物理要素等多种不同特性。地图工具将这些要素视作公共空间中的符号元素，针对这些符号元素进行数量和种类的绘制。这种工具也叫行为地图（图 3-30）。

2. 用户观察

在公共空间中，用户观察的研究对象主要是人的行为，如人在公共空间中的社会或个人交往行为，以及人与公共空间环境的交互行为。设计师

图 3-30　运用地图法分析辛辛那提市公园

图 3-31　观察高线公园中人对于公共设施的使用情况

图 3-32　在无锡太湖广场与老人进行访谈

可以根据明确目标的各项指标描述、分析并解释观察结果与隐藏变量之间的关系。通常情况下对用户进行观察时，需要观察者隐蔽起来，不能干预被观察者的人和活动，尽量做到真实情况的还原。在观察过程中，视频拍摄是最好的记录手段，它能提供丰富的视频素材，为素材的反复分析提供了基础。另外还有拍照片和记笔记，都能很好地积累观察所得到的原始数据，全方位地分析为设计所需的数据（图 3-31）。但应注意在各国法律允许的前提下进行拍摄或照片记录。

3. 用户访谈

用户访谈是一种深入的调查方法。通过用户访谈，我们可以提出特定问题，设计特定情境，发现常见习惯、极端情形和用户的使用偏好。在公共空间的概念设计阶段，用户访谈也能用于测试与评估，得到详细的用户反馈。相较于问卷调查和用户观察，用户访谈有利于受访者对于调研对象问题的理解与反馈。但用户访谈对于实施者来说又是一项充满挑战的工作。在用户访谈过程中，我们应该贯彻自己的调研问题与方向，掌握好访谈时间与节奏，切忌被受访者牵着鼻子走，偏离主题的情况发生（图 3-32）。

4. 问卷调查

问卷调查（图 3-33）可用于公共空间设计开发的多个阶段。在设计初始阶段，问卷调查可用于收集使用者对公共空间的使用行为与体验信息。

图 3-33　在纽约中央公园中进行问卷调查

问卷调查作为一种定量研究的方法，能帮助设计师获得用户认知、意见、行为发生的频率以及使用者对于公共空间设计现状的满意度测评，从而帮助设计师寻找到正确的概念方向。问卷的形式多种多样，可以是纸质问卷、互联网问卷、电话问卷，也可以选择面对面提问的方式。在这些形式中，尽管互联网问卷是近年来较为流行的一种调研方式，但依然提倡面对面提问的问卷调查方式。面对面的问卷调查能将受访者对于问卷的错误理解降低到最低程度，也能帮助设计师在第一时间获取受访者关于问卷问题的真实回答。

[23][意]曼奇尼著. 钟芳，马谨译. 设计，在人人设计的时代——社会创新设计导论. 北京：电子工业出版社，2016，149

二、公共空间的定义方法

1. 人物角色

人物角色可以是前期用户调查结束后，对于使用人群作出的总结。这种方法在工业设计领域被运用的非常普遍，建筑设计和城市设计领域近年来也逐渐开始运用。该方法可以帮助设计师在概念设计过程中与团队成员或利益相关者共同讨论时使用，以更好、更深入地对公共空间使用人群进行理解与定义。通过前期用户访谈、用户观察、调查问卷等方法收集到的使用人群相关信息，在此基础上进行总结，以人物角色的方法对公共空间使用人群进行行为方式、行为特征、共通性、独特性和不同点的总结。也可以根据调查结果对使用人群进行分类，并为每一类人群建立一个人物角色的设定，并且除了用文字进行人物角色设定外，还可以用形象化的手段进行角色设定。

2. 讲故事（Storytelling）

讲故事是从电影的剧本叙事方式中借鉴而来，早期被广告策划行业运用较多，目前被工业设计和产品设计领域广泛使用。它是一种特殊的叙述结构，有特定的风格，有固定的角色，叙事有始有终。[23]讲故事可以在设计流程的前期用于指定用户与公共空间的交互方式标准，也可以在设计流程的展示阶段向其他利益相关者展示设计概念与想法。设计师通过情境故事将公共空间的目标使用者带入其所要设计的空间环境中，这种剧情类的表达方法比起枯燥专业的图纸来说更加易读易懂。但是这种讲故事往往是由设计师进行的主观创作，其他读者难免会有无法领会设计师意图的时候，并且所讲述的故事与场景也无法包含公共空间中所有可能发生的现实情况。

3. 问题界定

设计师在进行公共空间设计的过程中往往需要对当前的空间使用现状进行分析，从而确定空间存在的问题是什么。当一个问题需要被界定的时候，也就意味着使用者对于当前的现状不满，希望通过问题的提出来改变目前的使用情境。这时候所提出的问题即是一个设计问题。设计师在设计

［24］Jan Gehl, Birgitte Svarre. How to study public life. Washington: Island Press,2013, 23

公共空间的时候往往忽视问题的界定。中国城市化发展过程中也曾经忽视过关于公共空间场所的问题界定。政府的决策者和设计师们往往执着于设计一个新的城市公共空间，却并未与该空间的周边居民进行讨论与沟通。可能他们并不需要一个新的公共空间，而是需要解决人群的交流问题。因此并非一定是设计一个新的公共空间，可以将目前公共空间存在的问题进行界定，往人群交流的方向改进就能替代新建一个新的城市公共空间。这种思路既能帮助设计师与决策者重新审视城市公共空间的作用，又能在城市化建设过程中减少土地和资金的浪费。

第三节　城市公共空间研究工具

国外学术界对于城市公共空间的研究主要是将城市公共空间进行分类，一类主要研究公共空间的物质环境；另一类主要研究此物质环境和社会环境中的人。有分别探讨这些层面和重点研究这些层面的相互动态关系的社会哲学、城市地理学、城市社会学和建筑学等研究方法及其工具。无论使用哪种研究工具，我们都应该将公共空间视为具有城市物质的、社会的和心理的结合属性来研究才能以平衡的观点研究城市公共空间的结构特征。

设计师和高校的学生在掌握研究工具的基础上更应该理解为什么会选择这些研究工具，他们的目的是什么？公共空间研究工具是公共空间本体研究的手段与方法，各国学者多年来都在不断探索运用具有针对性的研究工具和研究方法来推进城市公共空间研究理论的创新。设计师与学生在学习和了解研究工具的基础上不应受制于研究工具，对其合理选择、灵活运用才是根本目的。

一、研究工具选择的前提条件

1. 工具选择和研究目的

扬·盖尔在《如何研究公共生活》一书中提到关于公共空间的研究工具是基于研究目的、预算和当地的实际情况来选择的。[24]研究工具的选择还建立在研究对象是公共空间中的哪种类型，例如街道、广场、还是整个城市尺度的公共空间。即便研究对象被明确限定，依然需要考虑研究的语境，比如当地环境状况、文化和气候等诸多因素。一个单一的研究工具是远远不足以支撑公共空间的研究，通常在对公共空间进行研究时需要综合多种类型的研究方法。

2. 时间、气候的选择

研究时间与气候的选择取决于研究对象的实际情况。如果需要研究夜晚的公共空间生活，那么研究时间应该选择在夜晚进行；如果研究对象是

3-34　春节期间济南大明公园举行游园庙会活动

社区的公共空间，那么研究的记录时间就应该在夜晚来临前结束；如果研究记录的对象是一个儿童游乐场，则应该选择每天下午时间为宜。另外工作日和周末的时间段又存在很大的不同，普遍情况来说，公共空间的使用样式在普通时间与节假日时会发生较大的不同（图3-34）。

　　气候对于公共空间的户外活动也起着非常重要的作用，因此应选择一年中适合户外活动的季节进行研究记录，比如春夏季就优于秋冬季（图3-35、图3-36）。除季节之外，研究记录的时间段也很重要。一整

图 3-35　夏季，儿童喜欢在有水的空间中活动

图 3-36　夏季，儿童喜欢在有水的空间中活动

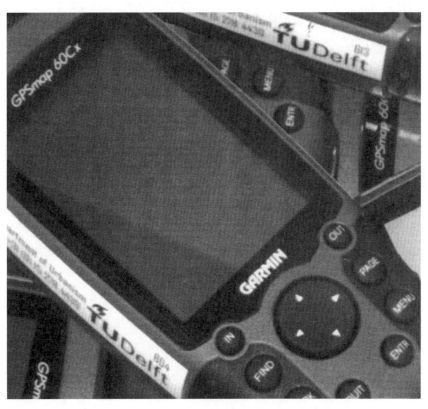

图 3-37　GPS 追踪器

天的研究长度大大优于两个半天相加的时间长度。

3. 人工工具与智能工具（图 3-37）

20 世纪 60—80 年代，大部分的研究都是运用了人工工具，但越来越多新的技术工具可以帮助记录数字和行为移动。自动化的记录工具可以采集到更多的研究数据。因此人工方法和自动方法的选择常常依赖于研究的大小和研究预算的多少。但在未来的城市公共空间研究中，使用全自动的工具搜集各类数据将成为一种趋势，例如 GPS 工具及大数据的运用已成为目前学术界常见的研究智能工具。

二、研究工具

1. 扬·盖尔提出的城市公共空间研究工具

（1）计数（Counting）（图 3-38）

在公共空间的研究中计数是一种被广泛运用的研究工具。原则上来说，公共空间中的任何东西都能被计数，

图 3-38　计数器

被量化。这些通过计数工具获得的数字可以对不同的空间范围或时间段进行前后的比较。

（2）照片（Photographing）

拍摄照片和录像记录是公共空间研究中两个非常基本的研究工具，它们可以用来展示公共空间中人的行为与空间形式之间的互动关系，也能客观呈现一个公共空间在改造前后空间特质上的差别。因为人的眼睛能够观察与记录，图像与影片就是这种观察与记录的辅助工具。无论是人与空间交互发生的好或低，图像与影片都能如实反映公共空间中的城市生活，并被研究者反复观察与研究，从中发现即时观察中无法发现的复杂素材。

（3）日记（Keeping a diary）（图3-39）

研究日记可以记录研究过程中的细节，并能将研究中社交行为与公共空间交互关系的细微差别进行具体的记录，为后续研究的分类和定性提供有帮助的材料支撑。以下图为例，这是一个记录街道研究的日记范本，它详细描述了该街道在一个周日的全天时间里各个时间节点发生了哪些活动类型，并将每种活动类型结合地图和图表工具进行了具体的标注与分析。

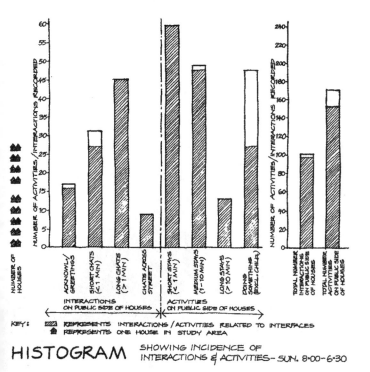

图 3-39　日记记录

2.凯文·林奇提出的城市意向工具

1960年凯文·林奇的《城市意象》一书问世，半个多世纪以来，林奇通过地图草图和言语描述两种方法得出的城市意象及其元素的分类标准成为许多学术界学者用来研究城市公共空间的经典工具。林奇将城市意象中的物质形态划分为五种元素——道路、边界、区域、节点和标志物。这五个要素工具对城市研究领域和城市公共空间领域产生了较大影响。当研究者们需要对公共空间的物理特性进行分析研究

图3-40 《城市意象》

时，往往会使用这五个要素工具来对空间形态进行城市意象的认知与研究（图3-40）。

（1）道路（Path）

这是一种渠道。观察者习惯地、偶然地或潜在地沿着它移动。它可以是大街、步行道、公路、铁路、运河。对很多人来说，道路是他们城市意向中最重要的元素。人们沿着道路观察城市，其他环境构成要素沿着道路布置并与其相联系。

（2）边界（Edge）

这是不作道路或不视为道路的线性要素。是两个面的界线，连续中的线状突变。如河岸、路堑、开发区的边界、围墙等。这是横向的而不是纵向的坐标。

（3）区域（District）

是指城市中等到较大的部分，拥有两维的范围。它在观察者心理中产生进入"内部"的感受。它拥有某些共同的特征，这些特征一般是从内部观察的，如能在外部看到，也可作为外部的参照。

（4）节点（Node）

节点就是一些要点，是观察者借此进入城市的战略点，或是日常往来必经之处，多半指道路交叉口、方向变换处、十字路口或道路汇集处、以及结构的交换处，等等。节点就是集中。

（5）标志物（Landmark）

标志物是另一种形式的参考点，但观察者并不一定要进入内部，它们是一种外部的元素。它们通常被定义为另一种单纯的物理对象：建筑物、招牌、店铺或山丘。其功能在于它是一大批可能目标中的一个突出因素。它们可以在城市内部或一定的距离内作为一种永恒的方向标志。[25]

凯文·林奇的城市意向五要素早已是城市设计及城市公共设计中阅

［25］ Kevin Lynch. The Image of the City. Cambridge,MA：The MIT Press,1960, 17~18

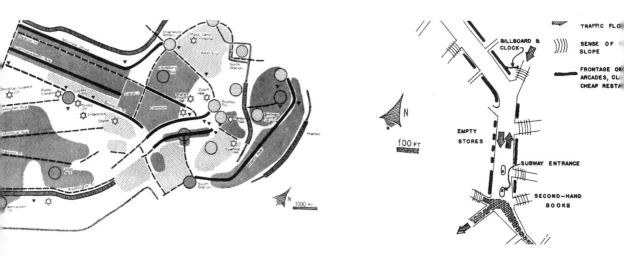

	道路	边界	节点	区域
主要要素				
次要要素				

图 3-41   城市意向五要素

图 3-42   波士顿城市视觉形式图   图 3-43   斯科利广场视觉元素图

读城市空间要素的经典工具（图 3-41、图 3-42、图 3-43）。设计师和研究者多年来都习惯用这五要素来分析城市公共空间的性格特征，它能将城市公共空间与城市整体环境的物理特征联系在一起形成一个整体，从城市的宏观维度探讨城市公共空间的意向特征，而不是将公共空间与城市相剥离。

第四章 城市公共空间属性变化

　　城市公共空间的属性是一个动态变化的过程。从物理空间的美学关注到场所精神的提出，个体记忆赋予公共空间场所特征，人们开始发现城市公共空间可以勾起他们对一个地方的认同感和归属感。随着互联网时代的到来，公共空间的场所属性又面临着新技术的挑战。虚拟技术与空间场所的互动并非只有不利的一面。城市公共空间的定义可以被重新解读。

第一节　从空间到场所

一、场所精神

［26］M. Heidegger. *Building, Dwelling, Thinking*. In *Poetry, Lanuage Thought*. NY: Harper and Row, 1971

［27］［挪］诺伯舒兹著. 施植明译. 场所精神：迈向建筑现象学. 武汉：华中科技大学出版社，2010，18

图 4-1 《场所精神》

　　在公共空间的早期研究中，人们关注于研究公共空间的环境物理属性，将公共空间看成是一个客观稳定的物理对象。然而空间与场所是不可分割的，讨论空间，自然也要讨论场所。现代主义建筑运动以来，建筑理论和城市设计理论一直都将建筑和城市设计作为空间设计的艺术，即空间第一位，场所第二位。但海德格尔提出了人们所经历的日常空间，也就是生活空间的存在是由场所和地点所决定的。他在《建居思》一书中明确指出，人与空间的关系就是定居关系。[26]且定居的关键在于地点而非空间。因此，地点和场所在定居活动中就至关重要，空间只有通过场所和地点才能具有其生活的特性和存在的立足点。受到海德格尔存在主义现象学影响，诺伯格·舒尔茨将"场所精神"的概念引入建筑现象学中（图4-1），开创了建筑现象学理论。"场所精神"的概念最早始于古罗马，根据古罗马人的信仰，每一种"独立的"本体都有自己的灵魂（genius）即"物之为何"，守护神灵(guaraian spirit)这种灵魂赋予人和场所生命，自生至死伴随人和场所，同时决定了它们的特性和本质。[27]古罗马人认为每个"存在"均具有其精神，这种精神赋予人和场所以生命，场所精神伴随着人与场所的整个生命旅程。舒尔茨认为场所不是抽象的地点，而是由具体事物组成的整体，事物的集合决定了环境特征。他探讨了被现代主义冷落，被人们遗忘的"场所"概念，将"场所"的重要性置于"空间"之上，也就是建筑学和城市学研究的首要位置。

　　因此，场所是指个体记忆的一种物体化和空间化，或可解释为对一个地方的认同感和归属感。场所精神，在本质上是对物质空间的人文特色的

图 4-2   济南趵突泉是儿童夏季玩水的场所

理解。人们之所以能够从某种事物的空间形式中感受到某种文化力量，正是因为人们理解了这种空间形式所代表的文化意义[28]（图 4-2、图 4-3）。

二、场所的本体类型与定义

　　雷尔夫（Relph）在《场所与非场所》一书中，将场所的本体类型定义为三种类型：物理特征或物理外观、可看见的行为和功能、意义或符号。
　　公共空间中场所的特征是一个复杂的概念，是由一系列的独立特征组织而成。正如舒尔茨所说，人类获得环境，关注于建筑和事物上，这些事物揭示了环境，并且展现了它们的特征，并呈现出环境的意义。因此，场所的角色在于体现这个世界的生活，并且将生活的价值于地域性的本质中体现出来（图 4-4、图 4-5、图 4-6）。这就是空间的独特性。

[28] 周尚意. 英美文化研究与新文化地理学 [J]. 地理学报，2004, 59(S1):162~166.

图 4-3 济南王府池子承载着老济南人的生活记忆　　　　　　　图 4-4 上海新天地保有老上海石库门的场所记忆

图 4-5 日本京都传统街巷空间传承场所记忆　　　　　　　图 4-6 日本京都传统街巷空间传承场所记忆

图 4-7 美国辛辛那提莱茵河区地图

设计者应在公共空间的场所营造时考虑谁生活在哪里？他们在做什么？他们如何了解公共空间？他们如何与公共空间相处？他们相互之间如何联系？他们关心与在意的需求是什么？这就需要公共空间的设计考虑到不同维度的内容，例如，关系和尺度。公共空间的场所性需要考虑人们对于环境的记忆需求和图像需求，并体现共享的社会价值，新的空间形态，通过多样化的方法将场所的意义根植于公共空间之中。

三、案例

美国辛辛那提市城市历史街区"莱茵河区"OTR 改造

莱茵河区简称为 OTR，坐落于美国辛辛那提老城区的北部，是一个居住和商业区域，面积为 300 英亩，约 120 公顷（图 4-7）。它被认为是

图 4-8　辛辛那提莱茵河区中的华盛顿公园

美国现存面积最大、最完整的历史街区。1983 年，莱茵河区被列为美国国家史迹名录。它保留了美国最大的意大利式建筑街区，并且完整保留19 世纪美国城市街区风貌。其建筑意义可以与新奥尔良的法国区、南卡罗莱纳州萨凡纳与查尔斯顿的历史街区，以及纽约市的格林尼治村相比。莱茵河区从辛辛那提德国移民大量涌入时代起开始发展，成为该城市德裔社区的核心部分长达数百年之久。

　　自从 20 世纪 60 年代之后，这片地区面临着人口数量减少，大量 19世纪建造的街区和建筑遭到破坏的局面。当时的莱茵河区成为美国内陆城市情况的一个典型案例：破旧的历史街区中绝大多数的居民是贫穷的非洲裔美国人，街区中的建筑结构严重恶化并伴随许多的废弃空间。当时的社区居住人口只有 1 万至 1.2 万的数量，但在 20 世纪初，莱茵河区的人口数量大约是当时的 5 倍多。[29] 在 20 世纪一整个世纪的发展中，尽管大部分的街区被保留，但莱茵河区仍有将近 70% 的建筑遭到了破坏。

　　2002 年莱茵河区提出了最新的街区改造计划，该计划旨在保证现有大多数街区住户、公司所有者、房地产所有者和社会服务者、开发公司以及社区企业和其他利益相关者的共同利益不变的基础上，延续该街区的社会、文化、历史文脉意义，努力恢复其原有的地域性特色，激发莱茵河区的城市活力，改变过去贫困和犯罪率高的街区现状。规划方案中建议利用以下有利资源进行场所化发展：（1）对于居民和利益相关者的坚定保护；（2）对街区中的艺术和文化团体进行丰富与多样化的发展；（3）对独特历史建筑的保护；（4）将芬德利市场和音乐厅定义为城市遗产场所；（5）利用辛辛那提市中心与辛辛那提大学之间丰富的地理位置优势。

［29］ Cain, C.A. *Over0the Rhine: a description and history, historic district conservation guidelines*, Historic Conservation Office, Cincinnati City Planning Department, 1995

莱茵河区改造计划希望解决的问题是街区的投资萎缩，人口与经济的衰退，犯罪率和不安全感，以及不健康的环境感觉，贫穷，在种族化和经济多样化下的社区凝聚力等问题。在该规划方案提出后的数十年间，莱茵河区的整治与发展获得了很大程度上的成功。通过对街区中历史建筑的保护，例如，将这一历史街区中的历史感保留与重现，让人们亲身体会和感知辛辛那提的历史文化氛围；将公共投资聚集于此，对建筑进行改造，吸引新兴创业者来此投资，这些措施不仅提升了该街区的经济活力，又为原本衰退的街区人口注入了新的血液，改变了过去大量是贫穷的非洲裔住户的情况。社区人口结构得到改良，多种族、多阶层的人们开始共同生活，犯罪率也相应降低，过去充满暴力、犯罪、危险的老城区今天终于焕发出健康的光彩（图4-8、图4-9、图4-10、图4-11，图4-12，图4-13）。

图 4-9　辛辛那提莱茵河区中的华盛顿公园

图 4-10　辛辛那提莱茵河区导览地图

　　莱茵河区的改造是历史文化街区改造的成功范例，它通过把过去的重要建筑、公共空间和对它们的回忆想象以稳定和固定的形式保存了下来，并使其通过改造的方式重

图 4-11　辛辛那提莱茵河区街景

图 4-12　辛辛那提莱茵河区街景

图 4-13　辛辛那提莱茵河区街景

[30]中国互联网络发展状况统计报告，2014.01

新获得现实的意义，有机地将过去与现在连接起来，创造了人们与城市公共空间之间的情感联系，使历史街区重获新生。

第二节 互联网影响下的城市公共空间

一、互联网技术的影响

中国互联网络信息中心于 2014 年 1 月发表了《第 33 次中国互联网络发展状况统计报告》，截至 2013 年 12 月，中国的网民数量达 6.18 亿人，为世界首位，互联网普及率达到 45.8%，高于世界平均水平。[30]

随着 20 世纪 90 年代互联网的商业化运用，交流的技术促进人们突破空间与时间的壁垒。人们从使用电报、电话到电视机、计算机再到今天的互联网络去分享信息，这种快速、便捷的网络化社会交流正在瓦解传统的城市公共空间中关于空间与时间的关系。今天城市公共空间的面貌，使用情境与使用频率都经受着异乎寻常的考验与挑战。

当互联网技术允许人们可以远距离联系的时候，技术的发展已经将一个物理空间中人与人之间的联系和关系变得不再那么的重要。实际上，随着越来越多的人开始运用网络技术去联系其他地方的人。互联网的社交平台所提供的服务能将人们控制在互联网世界的地理靠近范畴中。真实世界里的真实城市公共空间受到了互联网世界的巨大冲击，例如，中国目前的传统商业空间实体经济就受到互联网经济影响，人流量急剧下滑。

二、无线网络和手机社交网络的影响

自从 1905 年，美国辛辛那提街道上安装了世界第一台付费电话起，城市公共空间就开始出现一系列的电讯设备。中国在 20 世纪 90 年代中后期，公共空间中开始有人使用传呼机，之后又出现了移动电话。今天，移动手机上的社交网络和文字信息几乎取代了大部分的声音交流（图 4-14、

图 4-14 伦敦街头邮箱

图 4-15）。

全世界大约有 5 亿人使用手机终端的互联网社交网络（Shannon，2008）。这些社交网络允许它们的使用者通过各自的智能手机上网，进而与朋友或潜在朋友联系。新的手机社交网络更像一种社会的网络系统（Ellison et al.，2007），能构建与影响社会关系（Humphreys，2007）。随着无线网络技术的提供，人们可以在城市公共空间中通过使用智能手机，登录网络社交平台，或是 App 应用软件系统，给城市公共空间带去新的信息，并且重新组织城市公共空间中社会交往的空间构成。传统的城市公共空间应该容纳虚拟世界，使城市公共空间转变为一种"混合空间"。在这个"混合空间"里，虚拟空间和物理空间并存，社交网络在真实空间里通过数字技术将人们联系起来，得以见面交往，进行更为深入的社会交流。

三、案例

一个好的，与时具进的城市公共空间，并不是将最新的现代技术屏蔽在公共空间之外，而是利用最新的技术与趋势，更好地设计、经营公共空间，寻找到传统公共空间与现代化的科学技术之间彼此合作的最优解决方案。

以美国纽约中央公园为例。过去人们在去一个城市公共空间之前首先是通过纸质媒介如书籍、地图去寻找到该公共空间在城市中的地理坐标与位置，同时一些相关其他信息，如开放时间、历史资料、活动信息与场所特色等也都基于纸质地图、旅游书籍等这类纸质媒介。但今天，当你打算前往中央公园之前，无须花费大量的时间与精力去寻找烦琐的

图 4-15　伦敦街头电话亭

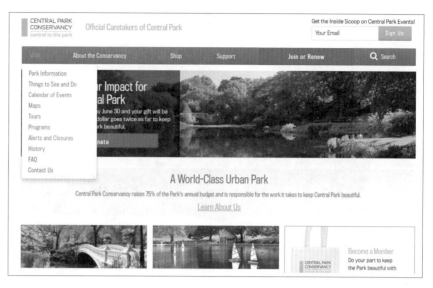

图 4-16　纽约中央公园网站

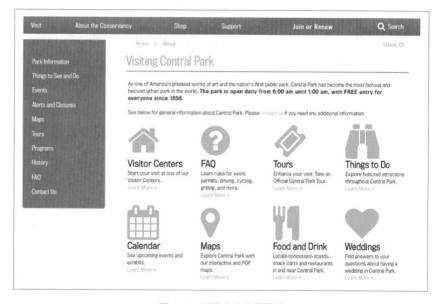

图 4-17　纽约中央公园网站

纸质材料和信息。中央公园有自己的官方网站，任何人只需要通过登录它的官方网站就能寻找到几乎任何你在到达之前所需要获取的基础信息。如图 4-16 所示，打开中央公园的网站，其网站的信息架构由六部分内容组成：游览、关于管理机构、购物、支持、加入或更新（会员）、搜索，可以看见中央公园将游览列为第一项，体现了公共空间最基本的物理特性：为人提供游览的功能。接下来，我们再点击进入游览专栏（图 4-17），里面由 12 个子项目组成，即游客中心、问与答、观光、可做的事、日历、地图、饮食、婚礼、骑行、宠物社区、影视点、游船。在这 12 个子项目中，人们可以根据这些网络信息为自己的中央公园之旅制订详细的游览计划，并能第一时间收到中央公园的咨询信息。中央公园网站提供的讯息早已超

图 4-18　美国北卡罗莱纳州立大学亨特图书馆提供了大量公共学习的空间

出人们预想的范畴，它不仅能为你提供已有信息，比如公园地图，还能在已有的传统信息基础上结合人们的行为需求制订出不同的具有建设性意见的信息咨询。例如在观光部分，中央公园网站还提供了四种类型的观光游览路线建议：（1）有指导的观光；（2）观光时间表；（3）团体观光；（4）个人观光。不同类型的游览者可以根据自己的不同情况在抵达中央公园之前通过网站的信息找到适合自己的游览方式。这种互联网技术为大型城市公共空间提供了非常好的信息支持，能让公共空间的使用者和参与者更深入、更详细地参与公共空间的环境体验。

除了官方网站能为公共空间提供人们获取信息的条件之外，智能手机中 App 的使用也成为公共空间中人与空间产生交互关系的另一种新型方式。依然以纽约中央公园为例，人们可以通过下载中央公园的 App 应用软件，通过卫星定位技术，此款应用软件可以实时定位你在公园中的位置，并能寻找到你感兴趣的景点，还能获知洗手间、饮水池和食物售卖点等基本地理信息。当你游览于面积很大的中央公园时，手机 App 可以帮助你了解和发现你想要看见的公共空间物理景点，同时又能起到一种心理上的保护作用，帮助避免迷路的情况发生。这种新型的信息技术增加了公共空间与使用者之间的内在联系，过去只能通过真实的实体交互来增进空间场所的体验性，现在却可以加入虚拟技术，同样达到空间场所的体验感。并且这种"线上"与"线下"相结合的体验方式更能吸引年轻人走出室内空间回归到真实的公共空间。

面对全新的网络技术和智能手机社交化的趋势，城市公共空间必须直面时代与社会的发展，吸收新技术的优势，将新的交流方法与交流工具运用到传统城市公共空间中。互联网和手机移动技术能够促进公共空间中社会交往的便利性。

第三节　城市公共空间的重新定义

　　城市公共空间的定义多年来较为稳定，尽管很多人都有自己的具体解释，但对于公共空间的理解都保持着学术界的普遍认同。卡尔等人在1992年出版的《公共空间》一书中认为，公共空间应该能为人们的日常生活提供休闲娱乐，从而让人们能联结在一起，使他们的生活富有意义和能量。城市公共空间的定义随着时代的发展，其本质的核心内容保持稳定，但其外延形式会不断发生变化。过去学术界过于关注城市公共空间的物理属性与物理特征，比如，其地点必须是在城市当中，建筑的外部环境；并且人们必须能自由地到达，对于"公共"二字也秉持着过去的传统界定。然而，随着技术的变革，人们的生活方式也在发生变化，人与人公共到达的场所也在发生着变化。关于公共空间的定义已经不是一个实体的物理空间所能解释清楚的范畴。因此，今天以及未来的城市公共空间定义，需要加入新的生活方式，新的技术，新的行为方式来进行综合的考虑。站在人们的公共交流角度，城市公共空间的物理维度已经发生变化，其物理范畴已经不再局限于过去的城市中心广场、街道和公园。人们会更多地选择酒吧、咖啡店、商场或餐厅等非传统的、非完全开放的地点来进行人群的交流与公共活动

图 4-19　美国北卡罗莱纳州立大学亨特图书馆提供了大量公共学习的空间

（图4-18、图4-19）；同时，其行为范畴也不仅仅是过去的游行、

图 4-20　美国俄亥俄州立大学健身中心里完全开放的健身空间

集会、日常聚集、休闲娱乐的传统活动，而变成了在新的社交技术支持下的会友、锻炼、团体活动、学习等新兴的公共行为（图 4-20、图 4-21）。城市公共空间的定义需要被重新理解与重新定义，只有找到了新的公共空间，人们才能更好地设计出符合今天及未来大众需要的公共生活的场所。

图 4-21　美国俄亥俄州立大学健身中心里完全开放的健身空间

第五章 城市公共空间设计的社会意义

城市公共空间的场所特性最终服务于城市居民的公共生活，并能参与到社会创新的领域中。如何运用服务设计的方法，将城市公共空间的功能与人们的需求与生活对接，解决公共空间的真实问题，是每一个研究与设计公共空间的从业人员需要思考的。面对社会变革中的世界，城市公共空间能担当何种角色与作用？社会生活的发生地是公共空间的初心所在。

第一节 公共生活与公共空间

对于大部分人来说，公共生活与私人生活是有明显区分的。私人生活一般发生于人们的居住空间、工作空间或被定义为私人财产的娱乐空间。对于"私人"这个词的合法定义只是一种视角用来对于私人的本质和公共空间以及公共生活进行分类。采访与观察都揭示了人们常常在公共空间中寻求个人隐私，很多人会挑选公共空间作为他们个人沉思或与他人亲密交谈甚至非常私人化的行为。当笔者在调研的过程中，经常会遇到被调查者说他们是一个人独自前往公共空间去思考一些事情，有时候甚至是去感伤。相反的，很多被视为私人所属的空间变成了公共活动场所。例如，纽约曼哈顿第五大道上的洛克菲勒中心就是一个典型代表，尤其是在节假日（图 5-1、图 5-2、图 5-3、图 5-4）。同时从个人与合法观点出发，公共与私人的区别已经越来越不清晰，关于它们的本质解读有利于对于当今时代的关注。今天，很多我们认为的公共生活，实际上已经变得怀旧而具有浪漫主义色彩。人类公共生活的形式已经发生了变化。随着计算机的普及，电子邮件系统和移动手机技术对于交流所起到的影响，在虚拟空间中的交流是否替代了真实形式中的公共生活仍然需要关注与思考。

图 5-1 纽约洛克菲勒中心公共空间

图 5-2　纽约洛克菲勒中心公共空间

图 5-3　纽约洛克菲勒中心夏季作为私人餐厅

[32][意]曼奇尼[意]著.钟芳,马谨译.设计,在人人设计的时代——社会创新设计导论.北京:电子工业出版社,2016,75

[33]李志刚,吴缚龙,卢汉龙.当代我国大都市的社会空间分异[J].城市规划,2004(6):61~67.

[34]王立,王兴中.城市生活空间质量观下的社区体系规划原理[J].现代城市研究,2011(9):62~71.

图 5-4　纽约洛克菲勒中心冬季作为公共滑冰场

第二节　社会创新与公共空间

一、社会创新的概念

学术界把社会创新定义为："关于产品、服务和模式的新想法,它们能够满足社会需求,能创造出新的社会关系或合作模式。换句话说,这些创新既有益于社会,又增进社会发生变革的行动力。"社会创新设计被意大利米兰理工教授曼奇尼定义为是一种专业设计为了激活、维持和引导社会朝着可持续发展方向迈进所能实施的一切活动。[32]

城市公共空间中有相当一部分的空间扎根于社区。近年来随着中国城市居住分异作用的影响[33],越来越多有迁居能力的人,开始搬离原来社区,选择生活更好、更新的社区居住。原来老旧的工人社区、单位社区逐渐演变成低收入者、弱势群体的"棚户区"。城市生活空间结构的分异和重构是城市社会空间演化的趋势性规律,它是城市阶层生活行为在城市空间上的社区体系映射。[34]中国自20世纪80年代后期就开始了针对老社区改造更新的"棚户区"改造工程。针对"棚户区"的改造一直都是一种自上而下的改造方式,政府在改造中充当"完成任务"的被动角色,居民在改造中充当"被完成任务"的被动角色。居民的意识和诉求很难得到体现,改造的结果也往往只是停留在物质空间的更新上,而忽视了社区文化传统、价值取向的延续,从而导致政府花了大力气改造,社区活力仍然不足,人们依然难以在改造后寻找到适合自己日常生活的公共空间。因此,"公众参与"的社会创新性公共空间设计与改造方式值得被运用与提倡(图 5-5、图 5-6)。

二、案例

1. 美国匹兹堡章鱼花园

社会创新的理念和公众参与的方式在国外的城市公共空间设计中屡见不鲜。以美国匹兹堡市的章鱼花园（Octopus Garden）为例，这是一个在两栋房子中间的微型公园，只有 10×12 英尺大小面积，它既是一个城市花园又是一个为社区居民提供聚集地的公共场所。花园中有花卉和蔬菜种植区，一个小型图书馆和一个巨大的马赛克章鱼雕塑。2004 年，章鱼花园的前身是一栋匹兹堡老城区的独立式住宅，因为一场大火，一夜之间夷为平地。卡耐基·梅隆大学设计学院的副教授——克里斯丁·休斯联合了艺术家劳拉·麦克劳林一起开始在这片废墟上进行章鱼花园的设计、建造与运营。由于章鱼花园的土地并非是属于政府，而是属于个人私有，因此章鱼花园的所有运营费用也全部出自个人。今天这个微型城市社区公共空间是由社区中的学校、社区周边的家庭共同出资建设与维护。2015 年，章鱼花园筹集到了超过 30 户家庭的资金，每个家庭至少 75 美元的赞助费用，用来进行花园内部的雨水和地下水收集，在花园的土地上进行蔬菜、水果和花卉的种植。章鱼花园还为本地社区的儿童教育提供户外活动场所，建立户外课堂，让儿童们在户外自然环境中学习科学、农业、植物等知识。公园还与社区日托机构合作，举行工作坊活动，使章鱼花园能够帮助它旁边的日托所进行创新主题设计（图 5-7、图 5-8、图 5-9、图 5-10、图 5-11、图 5-12）。

图 5-5 无锡市沁园小区陈旧的公共空间

图 5-6 无锡市沁园小区陈旧的公共空间

图 5-7 美国匹兹堡市章鱼花园入口的街区街景

图 5-8　章鱼花园入口

图 5-9　章鱼花园植物种植区

图 5-10　章鱼花园植物种植区

图 5-11　章鱼花园植物种植区

图 5-12　章鱼花园儿童活动区

通过居民参与、社区创新和社区再造的方式，章鱼花园从一片火灾废弃地成长为服务社区的居民、儿童、学校的社区花园。它真正体现了社区公共空间应该承担的社会责任。其充满活力的可持续性的发展过程已不再是公共空间中物理空间的单纯建造。它围绕居民的行为、居民的需求，以使用者为中心，创造为使用者服务的公共空间。尽管章鱼花园是一个私人花园，但它身上体现了公共空间的核心价值——为全体大众服务与设计。

2 美国辛辛那提芬德利市场

另一个案例是美国辛辛那提市的芬德利市场。芬德利市场是辛辛那提市目前唯一现存的市政管理下的传统农贸集市。它也是美国俄亥俄州现存历史最悠久的市政传统集市。芬德利市场的主体建筑采用了一种耐用但非常规浇筑的钢结构，这种结构技术在当时的美国很少被使用。1972 年，该主体建筑被收录于美国历史建筑名录中（图 5-13、图 5-14、图 5-15）。芬德利市场于 1855 年正式对外运营。在 18—19 世纪，公

图 5-13　辛辛那提芬德利市场老建筑

图 5-14　辛辛那提芬德利市场老建筑内部空间

图 5-15　辛辛那提芬德利市场老建筑内部空间

共市场伴随着美国城市居民人口数量的上升和城市人口对于食物需求的上升而同步发展。美国的许多城市，包含辛辛那提在内，都曾建造了大型的市政集市，在这里有家庭屠夫和鱼贩，同时吸引了农民前来售卖自家种植的菜品，街道上还有很多摊贩。在美国内战开始时，辛辛那提市共建造了包含芬德利市场在内的9个公共市场。但从19世纪末开始，辛辛那提的公共市场就进入了衰落阶段。随着产业工人搬离辛辛那提老城区，再加上其他新兴市场的竞争，芬德利市场就成了唯一仅存的市政市场。然而，因为芬德利市场所属地理位置的优越，它位于辛辛那提老城区与北部新社区的交汇处，本社区居民和其他地方的人们依然能够方便到达。尤其是今天，即便家庭当中都拥有了冰箱以及汽车，但芬德利市场依然保持着相当的活力。针对芬德利市场的传统街区环境，辛辛那提市政府于2002年起对其进行了基础设施的整修，主要是在市场周边增建了停车场，以供汽车出行的人们使用。同时，在芬德利老市场建筑的周边公共开放地带还建造了供临时市场所用的露天场所（图5-16、

图5-16　辛辛那提芬德利市场官方网站

图 5-17、图 5-18、图 5-19、图 5-20）。通过这些改造措施，芬德利市场焕发出新的活力。人们可以在平时尤其是周末驱车前来，参加每周末举行的"周末集市"。在周末集市中，大部分商户会利用芬德利市场的户外临时空间售卖自己的货品，其中大部分货品都是农场主们的直接营销，人们可以选购到其他地方没有的最新鲜的本地农产品。芬德利市场的创新改造并不是简单的功能重构或功能置换，而是让人们在新的生活方式与新的交通工具的大背景下，依然体验到过去传统集市生活之精髓，同

图 5-17　辛辛那提芬德利市场户外临时市场

图 5-18　辛辛那提芬德利市场户外临时市场

图 5-19　辛辛那提芬德利市场卖菜的农户

图 5-20　辛辛那提芬德利市场拉大提琴的儿童

时传统市场也为新时代的人们提供了交流、汇聚的场所。

　　章鱼花园和芬德利市场的真实案例分别告诉我们，今天城市社区公共空间可以有自下而上的设计管理模式，同时也可以在不改变老的公共空间传统功能的基础之上与现代生活方式对接，寻找到一种更好的公共空间运营模式。由这两个案例我们可以看见社会创新在公共空间中可以起到非常重要的推动作用。由社会创新而带动起来的公共空间的改造可以吸引公众的参与，为公众参与提供合适的、有意义的行为支撑。今天人们选择城市公共空间已不再仅仅关注于其环境是否整洁、美丽，选址是否便捷，而在于公共空间可以给人们提供哪些创新的生活方式与独特的生活理念。

第三节　服务设计与公共空间

一、服务设计的理念

　　服务设计根据维基百科的解释，它是一种观念上的设计，它包含了对于行为的规划和人的组织，基础设施、交流和材料组成了一个服务，从而用来提升和促进服务的提供者与其客户之间的交互关系（图 5-21）。[35] 服务设计方法论的目的是根据客户需求和服务提供者所具备的能力来共同构建一种最佳的设计服务方案。换言之，服务设计是使客户与服务提供者双方都获得共赢的一种设计方法。

　　学术界目前鲜有学者研究服务设计在城市公共空间中的运用。但研究服务设计的学者们认为作为一种设计工具，服务设计是可以帮助城市公共空间更好

图 5-21　高线公园中提供服务的工作人员

地实现价值创造。

今天，我们在了解服务设计理念的基础上，将城市公共空间中的一切活动、运营和管理都纳入服务设计的语境之下，能够帮助我们重新认识和审视当下的城市公共空间究竟在为社会和人们提供怎样的功能。

在城市公共空间的设计过程中，我们可以先通过头脑风暴思维导图、用户旅程等方式，思考城市公共空间中的服务设计是什么？当服务设计作为一种设计方法而非设计结果的时候，设计师运用此种方法对公共空间进行一个预期性的设计，人们会在这样的公共空间获得哪些东西呢？人们可以获得临时的空间、资源、满足、快乐、便利性、照顾、帮助、治愈、知识和能力、过程与经历以及社会地位（图 5-22、图 5-23）。在它所提供的这些结果之下，人们发现一个好的公共空间，并且愿意经常频繁地光临此地，同时人们又能在这个空间中发生设计师未曾预先设想到的行为，这一往复关系更进一步促进了公共空间中社会的交流，使之形成一种良性循环的场所。

图 5-22　在迪士尼乐园获得满足与快乐

［35］ https://en.wikipedia.org/
wiki/Service_design

图 5-23　在课堂上获得知识

二、案例

高线公园中的服务设计

在高线公园中，旅游者们来此地除了想一睹纽约曼哈顿西城区老高架铁路的更新面貌，一览曼哈顿西城区的城市风光之外，还可以看见纽约本地居民在这片公共空间中发生的真实的生活。高线公园的管理方在如何促进公园为纽约市民服务这部分做了精心而持续的设计。公园定期会举办各种不同的主题活动，有些是临时性活动，有些是常年性的固定活动，有些是针对不同人群的活动。例如有文化类活动、家庭类活动、青少年活动、艺术活动、野营活动、针对学校学生的活动。这些丰富的活动有高线公园的各个物理空间、物理功能与之对应。以面向学校的活动为例，高线公园在设计、历史、园艺和公共艺术之外还面向纽约及周边地区的学校全年提供独特而多样的教学工具及教育者。通过指导性的实地考察，课后项目，面向居民的艺术教育以及与学校的合作，每年有超过 4000 名学生参与到高线公园的教育项目中。在实地考察项目中，高线公园为美国 2~8 年级的学生提供手工设计的拓展，观察本地自然环境，了解曼哈顿西区历史。学生们通过指导性的观察，参与到本地文化、自然环境、具体植被物种的调查研究中，培养了学生们的实地调研能力。

高线公园已不仅仅是纽约城市一处普通公园的概念，通过服务设计的方法，高线公园为社会和居民创造了更多的社会价值，它是一个学校、一个社区、一种文化、一种生活体验，它的意义已经超越城市公共空间传统的物理属性，它将人与人的交流、人与社会的交流完全融合在一起。在这个看似简单的直线形公园的外壳之下，吸引人们的不仅仅是风景、街道与花草，更多的是因为服务设计而带给使用者的体验、情感与记忆（图 5-24、图 5-25、图 5-26、图 5-27、图 5-28）。

图 5-24　纽约高线公园官方网站

图 5-25　纽约高线公园官方网站

图 5-26　高线公园为人们提供创造性乐高构建的体验与服务

图 5-27 高线公园为人们提供创意和娱乐高线公园，供人们月

图 5-28　高线公园为人们提供创造性乐高构建的体验与服务

三、公共空间服务设计理念在高等教育中的体现

关于城市公共空间的设计教育在江南大学的设计学院环境艺术系中已是一门成熟而时间悠久的专业必修课。过去教师关注的是学生在这门课上应该掌握的基本专业技能，解决最基本的公共空间物理性问题，现在学院的专业课程与国外高校和组织进行联合培养，从实际课程项目出发，将服务设计的方法带入城市公共空间的教学过程中，运用服务设计的工具去重新寻找城市公共空间存在的问题，提出策略化的解决方法，使城市公共空间的设计与社会和人的关系紧密结合。下面就以江南大学设计学院环境艺术专业学生的 GIDE 课程项目作业为范例介绍给大家。

GIDE（Group for International Design Education）是一个研究型国际联合课程课题组。自 2003 年起，每年举办研究导向的联合课程，联合产业、政府和研究的力量，探索重大的社会问题。GIDE 组织共有八所学校，它们分别是邓迪大学（苏格兰）、卢布尔雅那大学（斯洛文尼亚）、利兹艺术学院（英国）、梅希伦天主教应用科学大学（比利时）、米兰理工大学（意大利）、南瑞士应用科学与艺术大学（瑞

图 5-29　GIDE 联合工作坊

士）、马格德堡大学（德国）、江南大学（中国）。涵盖室内设计、
工业设计、交互设计、视觉传达设计和多媒体设计、服务设计等多
个专业（图 5-29、图 5-30）。2016 年 GIDE 组织发布的课程主题是
"WELCOME IN"，要求各学校针对本地实际情况，寻找到适合的物
理空间，通过服务设计的理念与方法，将这些物理空间变得富有活力，
充满欢迎的氛围，为本地社区和社会服务。作为课题的本地转化，江南
大学设计学院的 GIDE 课题组老师选定了具有无锡地方特色的名人故居
空间来进行"欢迎"主题的设计。由于名人故居建筑和展陈方式的特殊

图 5-30　GIDE 联合工作坊

性，名人故居的管理方希望学生们在不改变建筑本体内部空间和展陈方式的前提下，通过外部与城市相连接的公共空间进行再设计，改变当前名人故居参观和使用者少、利用率低的现实问题。学生们针对四个不同的无锡名人故居地块进行了详尽的前期调研，以调查问卷、实地测绘的方法分别发现这四个名人故居无法吸引市民及游客的具体原因，然后针对这些具体原因，提出设计的可行性策略方案。学生们通过这一课题的学习与实践过程，了解并掌握了服务设计的设计理念与设计方法，针对城市公共空间与城市生活、人群交流等具体问题进行有针对性和策略性的设计。服务设计方法的引入，为尚处在学习阶段的学生们打开了一扇窗户：原来设计一个城市公共空间不仅仅是考虑其功能与审美的问题，还可以从服务设计的角度出发，将服务设计作为一种设计工具，设计和建造更具社会属性和社会意义的城市公共空间（图 5-31、图 5-32、图 5-33、图 5-34）。

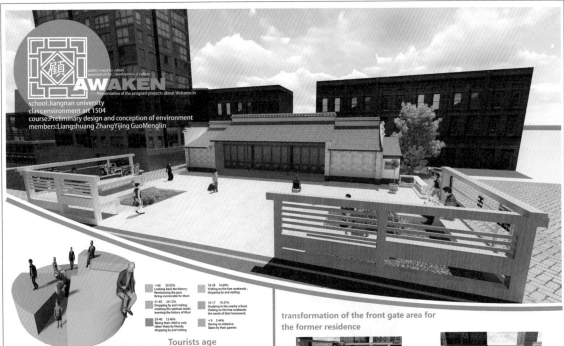

Tourists age

Current situation of pain points : the number of tours is low, the former residence is very cold.

1.the gate is extremely inconspicuous and unengaging   2.Lack of effectiveness of the Guidelines   3.There are few people who know about Gu Yuxiu

Part2

Master of the road
——strengthen the relationship between former residences eatablish5 the cultural area in the downtown.

Layout location:
Put the former residence as the center and spread around the intersection , focusing on the junction of each roads.

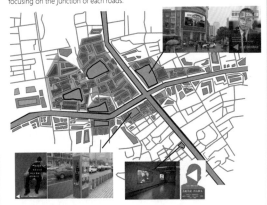

Layout strategy:
west: Xueqian street, attracting Bridge experiment school and the Donglin school students.
northeast : Yaohan,   attract Business populationtourists, tourists
South : South Temple subway station, the nearest subway station from the former residence , we can attract tourists and passers-by.

transformation of the front gate area for the former residence

1. an open book store ·convey the life stories and accomplishmentsof Gu Yuxiu set it as city landscape and serve as public lounge for pedestrians

3 .add irregular geometric figure to the Wooden shelves.

2.Set the flowers

Part1

Integrated service design for the former residence in Wuxi Celebrity Center :
——strengthen the relationship between former residences eatablish5 the cultural area in the downtown.

1.divide the cultural area according to the former residences of celebrities give them new road names such as Literature Road,Music Road,etc.

2.Using WeChat to extend its popularity.

3.develop science education activities and proagandize our local culture in order to improve the popularity.

Part3

Interpersonal relationships and family:
Personal Profile: Gu Yuxiu (1902-2002) was born in Wuxi,Jiangsu Province, China. He was a visiting professor at the Massachusetts institute of Technology and also worked for many years as a professor of electrical engineering at the University of Pennsylvania.

图 5-31 江南大学设计学院环艺 1503 班学生 "欢迎" 主题作业
作者：梁爽、章毅婧、郭梦琳

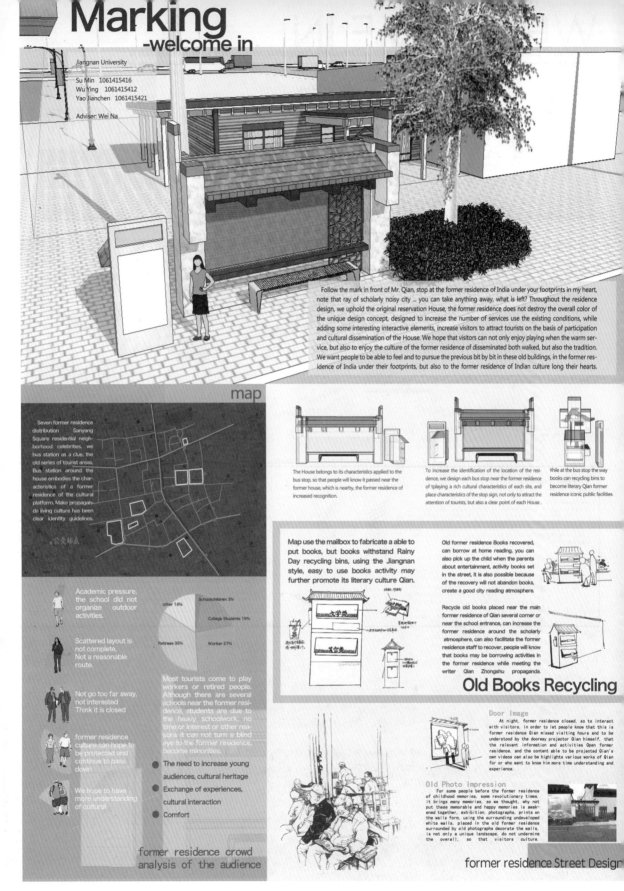

图 5-32 江南大学设计学院环艺 1503 班学生 "欢迎" 主题作业
作者：苏敏、吴莹、姚健琛

WELCOME IN ———A-BING>>>

Overview

Abing's most famous piece is entitled Erquan Yingyue, which is named after a spring in Wuxi (which is today part of Xihui Park. It is still played as a standard erhu piece, although it necessitates a special set of strings that are tuned lower than normal erhu strings.

He was only recorded very late in his life, but despite the scarcity of documentation of his music.
He is nevertheless considered to be one of the most important Chinese musicians of the 20th Century. His signature pieces, such as Erquan Yingyue, have become classics of Chinese erhu and pipa music.His music can be heard on The Norton Recordings, ninth edition.

阿炳
故居

Questionnarire

Chongan Temper is a popular commercial center with long history. With the advantage of superb geographic location, this place always has the ability to attract people from different places. What is more, there are several of subway and bus stations in this area, contributing to the flourish in commerce.

we take a questionnarire for collecting data in here.

model analysis

Group members by way of modeling of Chongan Temple - Bing House area plots were analyzed
Bing residence and produced internal model
& used to better understand the structure of the building

Bing team members distributed around the former residence of hundreds of questionnaires

Learn visiting experience for locals and tourists

Questionnaire for Bing House visitors

Understand the local culture and customs in the course of the investigation

House Status from a variety of perspective

Learn visitors tour experience

51%
23%
19%
7%

12-30 岁
31 49岁
50-6岁
60岁以上

14%
35%
51%

了解基本地文化
对对地地六斤
在日此期现六入

We found the problem： Through field research , we found that in fact a lot of people pass by every day Bing House door,
Analysis of the problem： We Bing House perimeter corresponding site analysis .

Bing House is surrounded by the business district , so people walking too fast and Bing House entrance is not obvious,
it will not really lead into the interior to visit the former residence of Bing .
We believe that people Bing House door very fast walking speed may be the cause we can not find Bing House ,
thereby restricting the flow of people visiting the important reasons . For pedestrians want to slow down the pace ,
noting that Bing residence purposes, we decided to establish a rest area

<<< <<<ИAƧP

Thematic programs
Spring- itsumi

In Bing masterpiece " Traditional" and Wuxi Huishan Characteristics - Second Spring Under Heaven as a concept to welcome in the corresponding subject [attract tourists] The main function of the target spring that is invisible to a groundwater collection spewing look out hoping to make [the invisible] . the coming and going of strangers come together as the water in general and finally turned into [physical] of each other with a shared memories flowing out together so that , as a general spring design.

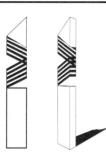

plan>>>

Bing House for signs surrounding the question mark is not clear and set up
Better to direct tourists around to find the location of residence
To read music inspired styling and design
Combined with music-themed House of Culture
People under the guidance of the music arrows
Flowing out of the destination

The whole idea : We provide a seating area, chairs and other facilities .
So that more people gathered in front of the former residence of Bing . Bing House noted .
Location idea : Demolition Reflection of the Moon Square stage . use the stage space to build a seating area .While moving like Bing . connect it to a seating area .
Shape idea : a whole to "spring" for the design concept. like Bing connected with benches in order to le everyone see the lounge deepen awareness of Bing 's former residence .

Bench shape according to stave like is formed integrally streamlined , with the theme "spring " echoes the base is made of black marble and glass paved , giving a feeling as if in the spring of.

welcome in A-bing,please sit down,and listen to the spring

图 5-33　江南大学设计学院环艺 1503 班学生"欢迎"主题作业
作者：官佳仪、范雨晨、周卓宇

WELCOME IN GIDE 2016

JOIN
BESIEGE&JOIN

—COME IN QIAN ZHONGSHU'S FORMER
RESIDENCE AND CONNECT THE CULTURE OF
CELEBRITY IN WUXI

Specialty   Environment Design
Designer   Pan Gang
                 Chen Jinyin
                 Niu siqi
Supervisor   Wei Na

Sketch map of base

Base analysis

Road sign distribution map

Stream of people analysis

Area analysis diagram

Traffic analysis diagram

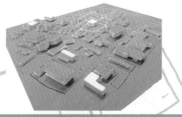

Existing way of publicity

The whole distribution of the former residence

Post Design Solutions

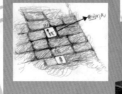

Reduce the number of traffic lanes and increase people's walking space.

One of Qian Zhongshu's public works of Art.
To make people interact with the former residence

In order to reduce the area of parking lot, we intend to use the Three-dimensional parking

Enhance the color direction of road signs, Increase the number of road signs in the alley

multistory parking area

图 5-34　江南大学设计学院环艺 1503 班学生"欢迎"主题作业
作者：潘港、陈槿锢、牛思琪

第四节　社会变革中的城市公共空间

今天的城市公共空间已经随着时代与经济、技术的发展而走到了全新
的交叉路口。作为设计师和研究者的我们如何将最新的趋势与原因挖掘出
来，为年轻的学生和从业者们指出城市公共空间的未来发展道路，是必须
肩负的责任与使命。中国也好，世界也罢，当以满足人的基本需求为目标
的城市公共空间建构告一段落的时候，我们需要开始思考城市公共空间的
意义及作用。从过去的马车时代到后来的汽车时代，再到今天的互联网时
代，人们在不同的社会背景下使用公共空间的情境大相径庭，因此也影响
了使用者对于公共空间的使用行为产生了巨大变化。人们逐步从过去面对
面的、距离亲密的城市公共空间发展到尺度较大、为适应汽车时代生活特
征的大型城市公共空间，再到今天城市公共空间中年轻人的缺失，传统公
共生活的缺失。在这场最新的社会变革中，城市公共空间必须赢回丢失的
人群。尤其是中国的城市公共空间，必须注意到社会变革带来的诸多问题，
例如老年人占领公共空间，社会中间层逃离传统城市公共空间，新的公共
空间出现在哪里？人们新的公共生活出现在哪里？尽管这本书并不能解决

图 5-35　公共空间如何抓住流动的人群?

和剖析清楚今天中国城市公共空间中的所有问题。但笔者希望能通过本书的叙述与介绍,为大家打开新的视角与思路,学习国外先进设计方法和理念的同时,反思中国本土的公共空间设计及其研究与教育。

　　尽管长久以来中国的城市公共空间都在朝着一个好的、良性发展的道路前进。但我们对于城市公共空间的本体思考却是存在缺失的(图 5-35)。物理空间的过多关注有时候会导致设计者和研究者无法站在一个更高更长远的角度去思考城市公共空间。当我们的教育和设计依然强调公共空间中美学的重要性时(图 5-36),对于城市

图 5-36　如同机场服务一样,公共空间如何更好地服务它的对象?

图 5-37　辛辛那提斯梅尔河前公园

公共空间的重新解读就显得尤为迫切。社会的变革促进城市公共空间功能的变化，同时城市公共空间自身的变化又体现了社会发生的变革。但唯一不变的是城市公共空间永远是社会公共生活的发生地（图 5-37、图 5-38）。

图 5-38　芬德利市场的座椅，自摄

1.[意] 曼奇尼 . 设计，在人人设计的时代——社会创新设计导论 [M].
钟芳，马谨译 . 北京：电子工业出版社，2016.

2. 国都设计技术专员办事处编 . 首都计划 [M]. 南京：南京出版社，
2006.

3.Cain, C.A. *Over0the Rhine: a description and history; historic district
conservation guidelines*. Historic Conservation Office, Cincinnati City Planning
Department, 1995.

4.[挪] 诺伯舒兹著 . 场所精神：迈向建筑现象学 [M]. 施植明译 . 武汉：
华中科技大学出版社，2010，7.

5.Jan Gehl, Birgitte Svarre. *How to study public life*. Washington: Island
Press,2013.

6.Kevin Lynch. *The Image of the City*. Cambridge,MA : The MIT
Press,1960.

7.M. Heidegger. *Building, Dwelling, Thinking*. In *Poetry, Lanuage
Thought*. NY: Harper and Row, 1971.

8.Carmona, M., Heath, T., Oc, T., and Tiesdell, S. *Public Places - Urban
Space: The Dimensions of Urban Design*. The Architectural Press: Oxford.
2003.

9.Matthew Carmona. *Contemporary Public Space*, Part Two:
Classification. *Journal of Urban Design*, 2010, 15(2).

10.Dines N& Cattell V. *Public Spaces, Social Relations and Well-being in
East London*. Bristol: The Policy Press,2006.

11.[丹] Jan Gehl. 户外空间的场所行为：公共空间使用之研究 [M]. 陈
秋伶译 . 台北 : 田园城市文化事业有限公司，1996，11.

12.[丹麦] 盖尔著 . 交往与空间 [M]. 第四版 . 何人可译 . 北京：中国建
筑工业出版社，2002.

13.[丹麦] 扬·盖尔，[丹麦] 拉尔斯·吉姆松著 . 公共空间·公共生
活 [M]. 汤羽扬等译 . 北京 : 中国建筑工业出版社，2003.

14.[丹麦] 扬·盖尔 . 适应公共生活变化的公共空间 . 杨斌章，赵春
丽编译 . 中国园林，2010(8): 34~38.

15.Ali Mdnipour. *Design of urban space : an inquiry into a socio-spatial
process*. Chichester ; New York : Wiley, c1996.

16.Ali Mdnipour. *Public and private spaces of the city.*London; New York:

Routledge, 2003.

17. Barnnett, J. *An Introduction to Urban Design*.New York :Harper & Row, 1982.

18.Carmona, M &Tiesdell, S. *Urban Design Reader*. Oxford, Burlingdon: Architectural Press,2007.

19.[美]克莱尔·库珀·马库斯,[美]卡罗琳·弗朗西斯.人性场所——城市开放 [M] 第一版 俞孔坚等译 北京：中国建筑工业出版社，2001.

20. 空间设计导则 [M]. 第二版 . 北京：中国建筑工业出版社，2001，10.

21. 郭恩慈 . 东亚城市空间生产 [M]. 台北：田园城市文化事业有限公司，2011，6.

22. 段进，邱国潮 . 国外城市形态学概论 [M]. 南京：东南大学出版社，2009，1.

23. 张勇强 . 城市空间发展自组织与城市规划 [M]. 南京：东南大学出版社，2006，5.

24. 朱东风 .1990 年代以来苏州城市空间发展 [D][博士学位论文]. 南京：东南大学研究生院，2006.

25.Na Xing, Kin Wai Michael Siu, *Historic Definitions of Public Space: Inspiration for High Quality Public Space,The International Journal of the Humanities*, 2010,7(11):39~56.

26. 缪朴 . 在高密度城市中创造公共空间——昆山金谷园多功能建筑群 [J]. 建筑学报，2013，542(10)：7~11.

27. 缪朴 . 谁的城市？图说新城市空间三病 [J]. 时代建筑，2007(1):4~13.

28.Pu Miao, *Public Places in Asia Pacific Cities: Current Issues and Strategies*. Dordrecht, The Netherlands: Kluwer Academic Publishers,2001.

29. 张烨 . 作为过程的公共空间设计——再谈哥本哈根经验 [J]. 建筑学报，2011(1):1~4.

30. 牛文元 . 中国新型城市化报告 [M]. 北京：科学出版社，2012.

31. 刘乃全等 . 中国城市体系规模结构演变：1985—2008[J]. 山东经济，2011(2):5~14.

32. 杨宇振 . 从"乡"到"城"——中国近代公共空间的转型与重构 [J]. 新建筑，2012(5):45~49.

33. 杨宇振 . 权利、资本与空间：中国城市化 1908—2008 年 . 城市规划学刊，2009(1):62~73.

34. Erving Goffman. *Behavior in Public Places*. N.Y:TheFree Press ,1966.

35.Herbert Blumer. *Symbolic Interactionism*. Los Angeles: University of

California Press,1969.

36.Henri Lefebvre.*The Production of Space*. Translated by Donald Nicholson-Smith. Blackwell Publidhing,1991.

37.Henri Lefebvre. *Critique of Everyday Life* Volume Ⅱ. Translated by John Moore. London·New York: Verso, 2002.

38.David Harvey. *The Condition of Postmodernity*. Cambridge: Basil Blackwell Ltd, 1989.

39.〔英〕大卫·哈维. 后现代状况——对文化变迁之缘起的探究 [M]. 北京：商务印书馆，2003.

40.〔英〕大卫·哈维著. 巴黎城记：现代性之都的诞生 [M]. 黄煜文译. 桂林：广西师范大学出版社，2010.

41.〔英〕大卫·哈维著. 地理学中的解释 [M]. 高泳源，刘立华，蔡运龙译. 北京：商务印书馆，2009.

42.〔英〕大卫·哈维著. 新帝国主义 [M]. 初立忠，沈晓雷译. 北京：社会科学文献出版社，2009.

43.〔美〕Jonathan H.Turner 著. 社会学理论的结构 [M]. 第 6 版（下）. 邱泽奇等译. 北京：中国建筑工业出版社，2002.

44.Tuan,Yi-fu. *Space and Place*.Minneapolis:University of Minnesota Press，2007.

45. 费孝通. 乡土中国与乡土重建 [M]. 台北：风云时代出版公司，1993.

46. 费孝通. 乡土中国 (汉英对照)[M]. 北京：外语教学与研究出版社，2012.

47. 许纪霖，宋宏编. 现代中国思想的核心观念 [M]. 上海：上海人民出版社，2010.

48. 许纪霖. 近代中国的公共领域：形态、功能与自我理解——以上海为例 [J]. 史林，2003（2）：77~89.

49. 罗威廉. 汉口：一个中国城市的商业和社会(1796—1889)[M]. 江溶，鲁西奇译. 北京：中国人民大学出版社，2005.

50. 施坚雅 W. 中华帝国晚期城市 [M]. 叶光庭，徐自立，王嗣均等译. 北京：中华书局，2002.

51. 沟口熊三. 中国的公与私·公私 [M]. 郑静译. 北京：生活·读书·新知三联书店，2011.

52. 钱穆. 中国历史政治得失 [M]. 北京：生活·读书·新知三联书店，2001，5.

53. 米歇尔·福柯. 空间、知识、权利 [M]. 见：包亚明主编. 后现代性与地理学的政治. 上海：上海教育出版社，2001.

54.Hibert Simmon. *The Science of Design: Creating the Artificial[J]. Design Issue*: Vol. Ⅵ ,Number 1&2 Special Issue 1988.

55.Richard Buchanan. *Wicked Problems in Design Thinking[J]. Design Issue*:Vol.8,Number,Spring, 1988.

56.John Dewey. *Art as Experience*. New York:the Penguin Group(USA) Inc,2005, 8.

第一章

图 1-1：纽约中央公园，自摄

图 1-2：意大利传统城市街道，龚滢摄

图 1-3：美国加州蒙特雷海滩，自摄

图 1-4：意大利古罗马斗兽场，龚滢摄

图 1-5：意大利古罗马城市遗址，龚滢摄

图 1-6：梵蒂冈圣彼得大教堂，龚滢摄

图 1-7：意大利罗马街头，黄颖摄

图 1-8：美国辛辛那提芬德利市场的周末集市，自摄

图 1-9：简·雅各布斯

图 1-10: 扬·盖尔

图 1-11：SWA 景观设计公司项目分类

　　源自：http://www.swagroup.com/projects/

图 1-12: 美国华盛顿国家美术馆东馆大厅，自摄

图 1-13: 美国乡村酒店中的公共图书馆，自摄

图 1-14: 美国匹兹堡餐厅空间，自摄

图 1-15: 卡米洛·西特

图 1-16: 勒·柯布西耶

图 1-17: 丹麦汽车数量增长图

　　选自：Jan Gehl & Birgitte Svarre. How to study public life.

　　wUS: Washington, DC. Island Press,2013, 43

图 1-18: 克里斯托弗·亚历山大

图 1-19: 威廉·怀特

图 1-20: 上海城市广场：均质化的空间环境，自摄

图 1-21: 美国哥伦布市自行车公共设施，自摄

图 1-22: 英国伦敦城市自行车租赁系统，自摄

图 1-23~ 图 1-25: 大连中山广场

　　选自：旅顺日俄监狱旧址博物馆. 旧明信片中的老大连. 北京：文
物出版社，2004，113

图 1-26:《首都计划》

图 1-27: 中央政治区鸟瞰图

　　选自：国都设计技术专员办事处编 . 首都计划 [M]. 南京：南京出版社，2006，47

图 1-28: 新街口道路及重点鸟瞰图

　　选自：国都设计技术专员办事处编 . 首都计划 [M]. 南京：南京出版社，2006，74

图 1-29: 1946 年新街口广场

　　选自：卢海鸣，杨新华主编 . 南京民国建筑 . 南京：南京大学出版社，2001，223

图 1-30、图 1-31: 1950 年代北京苏联展览馆广场

　　选自：人民画报 .1954（11）

图 1-32: 1970 年代广州火车站广场

　　选自：广州市设计院，《广州建筑实录》编辑小组 . 广州建筑实录：北郊部分新建筑 .1976，4

图 1-33: 1970 年代广州火车站广场

　　选自：李昭醇，倪俊明主编 . 百年广州图录 . 广州：广东教育出版社，2002，266

图 1-34: 1970 年代广州车站广场平面图，自绘

图 1-35: 合肥河滨小游园平面图，自绘

图 1-36: 合肥河滨小游园

　　选自：中国城市规划设计研究院主编 . 中国新园林 . 北京：中国林业出版社，1985，267

图 1-37、图 1-38：济南泉城广场，自摄

图 1-39: 上海 k11 商业广场，自摄

图 1-40: 上海新天地：顾勤芳摄

图 1-41、图 1-42: 北京三里屯 soho 商业街区，自摄

第二章

图 2-1~ 图 2-3：意大利圣马可广场，刘佳摄

图 2-4：1950 年天安门广场

图 2-5：纽约市曼哈顿哥伦布广场，自摄

图 2-6：无锡市沁园新村公共空间里锻炼身体的人们，自摄

图 2-7：无锡市万科魅力之城社区广场跳舞的老年人，自摄

图 2-8: 天安门城楼，周林摄

图 2-9：天安门广场，自摄

图 2-10：1949—1977 年天安门广场形态演变，自绘

图 2-11：1977 年天安门广场平面图，自绘

图 2-12: 日本传统园林，王晔摄

图 2-13: 美国街头古典花园，自摄

图 2-14: 无锡锡惠公园，自摄

图 2-15: 无锡蠡湖公园，自摄

图 2-16：美国黄石公园，自摄

图 2-17：美国大峡谷，自摄

图 2-18：美国布赖恩峡谷，自摄

图 2-19、图 2-20：美国芝加哥千禧公园　主动娱乐，自摄

图 2-21、图 2-22：美国鹿角公园　被动娱乐，自摄

图 2-23、图 2-24：上海后滩公园，自摄

图 2-25：纽约中央公园攀岩活动者，自摄

图 2-26，纽约中央公园草坪野餐的人们，自摄

图 2-27: 纽约中央公园长跑锻炼者，自摄

图 2-28，纽约中央公园 1875 年地图

源自：https://commons.wikimedia.org/wiki/File:Central_Park_1875.png

图 2-29、图 2-30、图 2-31、图 2-32: 纽约高线公园，自摄

图 2-33：芝加哥街道步行道，自摄

图 2-34：旧金山九曲花街，自摄

图 2-35、图 2-36：辛辛那提不适宜步行的城市道路，自摄

图 2-37: 时代广场地图

选自：Jan Gehl & Birgitte Svarre. *How to study public life*. US: Washington, DC. Island Press,2013, 133

图 2-38、图 2-39：纽约时代广场改造

选自：http://snohetta.com/project/9-times-square-reconstruction

图 2-40、图 2-41：改造后的纽约时代广场，自摄

第三章

图 3-1：辛辛那提大学校园空间距离，自摄

图 3-2：辛辛那提大学校园公共餐厅空间，自摄

图 3-3：芝加哥公园雕塑，自摄

图 3-4：适宜的尺度，辛辛那提大学校园，自摄

图 3-5：芝加哥千禧公园大豌豆尺度，自摄

Press,1960, 18

图 3-42：波士顿城市视觉形式图

选自：Kevin Lynch. *The Image of the City*. Cambridge, MA : The MIT Press,1960:19

图 3-43：斯科利广场视觉元素图

选自：Kevin Lynch. *The Image of the City*. Cambridge, MA : The MIT Press,1960:179

第四章

图 4-1:《场所精神》

图 4-2：济南趵突泉是儿童夏季玩水的场所，自摄

图 4-3：济南王府池子承载着老济南人的生活记忆，自摄

图 4-4: 上海新天地保有老上海石库门的场所记忆，顾勤芳摄

图 4-5、图 4-6: 日本京都传统街巷空间传承场所记忆，王晔摄

图 4-7：美国辛辛那提莱茵河区地图，自绘

图 4-8、图 4-9：辛辛那提莱茵河区中的华盛顿公园，自摄

图 4-10：辛辛那提莱茵河区导览地图，自摄

图 4-11、图 4-12、图 4-13：辛辛那提莱茵河区街景，自摄

图 4-14：伦敦街头邮箱，自摄

图 4-15：伦敦街头电话亭，自摄

图 4-16、图 4-17：纽约中央公园网站，http://www.centralparknyc.org

图 4-18、图 4-19：美国北卡罗莱纳州立大学亨特图书馆提供了大量公共学习的空间，自摄

图 4-20、图 4-21：美国俄亥俄州立大学健身中心里完全开放的健身空间，自摄

第五章

图 5-1、图 5-2：纽约洛克菲勒中心公共空间，自摄

图 5-3：纽约洛克菲勒中心夏季作为私人餐厅，魏晓明摄

图 5-4：纽约洛克菲勒中心冬季作为公共滑冰场，魏晓明摄

图 5-5、图 5-6：无锡市沁园小区陈旧的公共空间，包小闲摄

图 5-7：美国匹兹堡市章鱼花园入口的街区街景，自摄

图 5-8：章鱼花园入口，自摄

图 5-9~图 5-11：章鱼花园植物种植区，自摄